仙客来周年生产技术

谭冬梅　编著

中原农民出版社

·郑州·

图书在版编目(CIP)数据

仙客来周年生产技术/谭冬梅编著.—郑州:中原
农民出版社,2017.2
(花卉周年生产技术丛书)
ISBN 978－7－5542－1623－1

Ⅰ.①仙… Ⅱ.①谭… Ⅲ.①仙客来－观赏园艺
Ⅳ.①S682.2

中国版本图书馆 CIP 数据核字(2017)第 027910 号

仙客来周年生产技术
谭冬梅　编著

出版社:中原农民出版社　　　网址:http://www.zynm.com
地址:郑州市经五路 66 号　　邮政编码:450002
办公电话:0371－65751257　　购书电话:0371－65724566

发行单位:全国新华书店
承印单位:河南安泰彩印有限公司

投稿信箱:Djj65388962@163.com
交流 QQ:895838186
策划编辑电话:13937196613　　0371－65788676

开本:787mm×1092mm　　　　　1/16
印张:8.5
字数:185 千字
版次:2018 年 7 月第 1 版　　印次:2018 年 7 月第 1 次印刷

书号:　ISBN 978－7－5542－1623－1　　定价:69.00 元
本书如有印装质量问题,由承印厂负责调换

本书编委会

编　　著　谭冬梅
租稿与审稿　孙红梅　王利民

丛书编委会

顾　问 （按姓氏笔画排序）

方智远　李玉　汪懋华

主　任　李天来

副主任 （按姓氏笔画排序）

卫文星　王吉庆　王秀峰　史宣杰　丛佩华
朱伟岭　朱启臻　刘凤之　刘玉升　刘红彦
刘君璞　刘厚诚　刘崇怀　齐红岩　汤丰收
许　勇　孙小武　孙红梅　孙志强　杜永臣
李保全　杨青华　汪大凯　汪景彦　沈火林
张天柱　张玉亭　张志斌　张真和　尚庆茂
屈　哲　段敬杰　徐小利　高致明　郭天财
郭世荣　董诚明　喻景权　鲁传涛　魏国强

编　委 （按姓氏笔画排序）

马　凯　王　俊　王　蕊　王丰青　王永华
王利民　王利丽　王贺祥　王锦霞　毛　丹
孔维丽　孔维威　代丽萍　白义奎　乔晓军
刘义玲　刘玉霞　刘晓宇　齐明芳　许　涛
许传强　孙克刚　孙周平　纪宝玉　苏秀红
杜国栋　李志军　李连珍　李宏宇　李贺敏
李艳双　李晓青　李新峥　杨　凡　吴焕章
何莉莉　张　伏　张　波　张　翔　张　强
张红瑞　张恩平　陈　直　范文丽　罗新兰
岳远振　周　巍　赵　玲　赵　瑞　赵卫星
胡　锐　柳文慧　段亚魁　须　晖　姚秋菊
袁瑞奇　夏　至　高秀岩　高登涛　黄　勇
常高正　康源春　董双宝　幸　松　程泽强
程根力　谢小龙　蒯传化　雷敬卫　黎世民

前　言

　　仙客来为报春花科仙客来属多年生球根花卉,因花形似兔耳又被人们称为兔耳花,是世界著名的盆栽花卉。仙客来的栽培历史已经有400多年,经过各国园艺学家不断地进行品种改良,最终成为世界性的观赏花卉。它以奇异的花姿、绚丽的色彩、洒脱飘逸的韵味而受到人们的喜爱,位居畅销盆花之列,被称为"盆花的女王"。中文"仙客来"一词来自其学名"Cyclamen"的音译,由于音译巧妙,使得花名有"仙客翩翩而至"的寓意。尤其是它在百花凋零的冬春季盛开,是圣诞节、元旦以及我国春节期间的首选盆花,可烘托节日喜庆、祥和的气氛,备受消费者青睐。

　　仙客来的栽培早在中世纪时期就已开始。1596年,在英国仙客来作为观赏植物和盆栽花卉出现在庭园中,1731年以后传至世界各地。18世纪中叶,欧洲的园艺家开始了仙客来新品种的培育,使其品种越来越多,直到今天欧洲仍是仙客来的育种中心。现在,荷兰、法国、德国、美国、日本等都有专业化的仙客来育种和栽培机构。自1971年世界仙客来协会成立以来,每年都有一批适应生产、栽培周期短、美丽新奇的新品种育出。由于各国人民的喜好不同,因此各国育出的仙客来品种都具有比较浓郁的地方特色。

　　20世纪初仙客来传入中国,但是真正大规模地引进品种进行商业化栽培还是从20世纪80年代开始的。目前,我国在仙客来盆花生产方面已经有了一定的基础,尤其是上海、北京、天津、山东、河北等地,每年都有一定数量的仙客来盆花内销或出口日本。随着种植结构的调整以及花卉市场的不断扩大,仙客来的专业栽培渐成规模。然而在生产过程中存在着栽培品种分离退化、选育工作相对落后、品种分类混乱、商品形式单一、不良气候的影响、不能实现成花周年供应等问题,在一定程度上制约着仙客来的栽培规模及市场占有率。

　　本书综合当前仙客来生产技术中的诸多问题,试图将可行的技术方法融合在一起,从欣赏、栽培、应用等方面进行比较全面的介绍,希望能为广大仙客来生产者及爱好者提供参考。如有不足之处,敬请指正。

在本书的写作过程中，尤其是图片的搜集方面，得到了沈阳农业大学园艺学院观赏园艺学教授孙红梅，沈阳农业大学园艺学院办公室主任赵珺，沈阳农业大学果树学博士王爱德，沈阳农业大学果树学研究生李馨钥，昆明缤纷园艺有限公司鲜花市场经理赵祖昌，沈阳本正生科技有限公司客户经理常红，法国莫莱尔公司 Isabelle 女士及相关公司的大力支持与帮助。有些文字资料和图片取自网络，非常感谢原作者的无私分享。在书稿完成之际，对他们表示衷心的感谢！

目录

一、概述 ·········· 1
  (一)仙客来的栽培历史 ········· 1
  (二)仙客来的产地与分布 ········· 2
  (三)栽培现状及发展趋势 ········· 2

二、仙客来的分类、种与品种 ········· 5
  (一)仙客来的分类 ········· 5
  (二)仙客来的种与品种 ········· 12
  (三)仙客来新品种介绍 ········· 55

三、形态特征与生物学特性 ········· 64
  (一)形态特征 ········· 64
  (二)环境条件对仙客来生长发育的要求 ········· 69

四、仙客来的繁殖 ········· 78
  (一)种子繁殖 ········· 78
  (二)无性繁殖 ········· 84
  (三)组织培养繁殖 ········· 85

五、设施栽培技术 ········· 86
  (一)仙客来的设施栽培与家庭栽培的关系 ········· 86
  (二)仙客来的设施栽培 ········· 86
  (三)生产技术规程 ········· 90

六、仙客来的无土栽培 ········· 95
  (一)形式 ········· 95
  (二)基质 ········· 96
  (三)营养液 ········· 96

（四）无土栽培管理 ………………………………… 98

七、主要病虫害及防治措施 ………………………… 100
　　（一）主要病害及防治 …………………………… 100
　　（二）主要虫害及防治 …………………………… 109

八、仙客来观赏与利用 ……………………………… 119

九、采收及储藏运输技术 …………………………… 124
　　（一）产品分级与包装 …………………………… 124
　　（二）储藏保鲜 …………………………………… 127
　　（三）运输 ………………………………………… 127
　　（四）上市 ………………………………………… 127

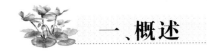

一、概述

（一）仙客来的栽培历史

仙客来（*Cyclamen persicum* Mill），为报春花科仙客来属球根花卉，别名萝卜海棠、兔耳花、一品冠等，在日本称为"篝火花"，早期英国称它为"猪的食物"。

仙客来有着很长的栽培历史，经过育种家们几百年来的努力，现在已成为拥有数千品种而深受人们喜爱的花卉，广泛栽培于世界各地。

在 16 世纪以前，大多数仙客来还仅仅被用作药用植物来种植和使用，人们认为其球茎干粉服后可有致幻和催产的作用。1596 年，原种的小花仙客来和地中海仙客来，引入英国作为观赏盆花栽培。1651 年，巴黎皇家花园的皮尔埃·摩瑞已经清楚地知道有"波斯仙客来"，即普通种仙客来（*C. persicum*）。

1731 年，现代园艺种仙客来的原种 *C. persicum* 引入英国，米勒《园丁辞典》中首次对仙客来进行了正式的描述。米勒的仙客来是从塞浦路斯引入英国的，花为白色，有浓香。米勒最早将仙客来属植物分为仙客来、希腊仙客来、地中海仙客来、欧洲仙客来等 6 种，并知道欧洲仙客来是最耐寒的。1786 年出版的《植物学杂志》第一期上，第一次有了一张彩色的希腊仙客来详图。1860 年英国花卉委员会报告，作为多年生温室植物，春季开花的仙客来已有 12 个种名。

从繁殖技术上来说，早期的仙客来采取在 5 月切球进行繁殖，增殖率低，使用还不广泛，使人们普遍认为仙客来是比较难种的多年生植物，需要 3~4 年才能开花。直到 1826 年仙客来的繁殖方式才得以改变，英国的约翰·威尔特（John Willot）通过精心的栽培，利用种子成功地繁殖出新植株，在 15 个月内长成开花，使栽培时间缩短了一半。到 19 世纪后期，仙客来已成为很普通的盆花。

早期种植的仙客来花小，花色单调，颜色不美。仙客来的杂交和筛选大约是 1853 年从法国开始的，法国的花卉种植者从仙客来中成功地筛选出了粉红、淡紫色和紫色花植株，但是花的大小还没有改变。从 1860 年起，英国的萨藤斯和德国的缪勒以及考伯斯在育种上取得重大进展，获得了多种花色、大花型以及花形多变的植株，花大而有宽宽的花瓣，花梗结果后不像野生种那样呈螺旋状。19 世纪 90 年代，栽培仙客来花的体积已达到野生种的 3 倍，但是由于香味不是当时追求的主要目标，所以随着育种过程中花的增大，香味却逐渐消失了,花瓣也不像野生种那样呈螺旋状,而是平直的。

1868年,英国市场上出现了红花的二倍体品种"萤火虫",这一品种对以后培育杂种一代(杂交一代种,F_1)有着重要的意义。19世纪末,通过育种已经可以获得大花品种,同时逐渐对大花品种进行花色改良以及培育多种叶片图案和紧凑型植株。

20世纪初直到40年代,许多仙客来的育种工作都是在荷兰、英国和德国进行的,那里可以称为仙客来的育种中心。通过几十年的育种工作,人们已经把野生的仙客来转变为一种非常有观赏价值的栽培花卉。

(二)仙客来的产地与分布

仙客来原产于地中海沿岸的希腊、土耳其、意大利、以色列、黎巴嫩、塞浦路斯、法国南部等地区。原产地的气候一般是夏季高温低湿,冬季平均气温10℃左右。仙客来植株原生于森林和灌木下面、石灰岩土中等,在炎热的夏季落叶,以球根进行休眠。仙客来有春季开花种和秋季开花种:春季开花种在春天长叶开花;秋季开花种结束休眠不久就开花,花后长出叶片。

仙客来属的不同种主要分布区域不同。仙客来(*C. persicum*)是现代仙客来的原种,仙客来栽培品种几乎都是从这个野生种培育而来的,并且在育种过程中没有其他种的参与。它主要分布于土耳其南部、希腊克里特岛、塞浦路斯、巴勒斯坦、叙利亚等地。在黎巴嫩和以色列,仙客来的野生种随处可见。欧洲仙客来(*C. purpurascens*)则原生于欧洲的高原地区,分布于意大利、保加利亚、瑞士南部、奥地利以及原南斯拉夫地区。非洲仙客来(*C. africanum*)主要分布于非洲北部。其他还有十几个野生种分布在不同地区。

仙客来是冬季开放的名花。在日本,人们把它培育成精雕细刻的高档大盆,每一片叶子都恰到好处地展示着它那美丽高贵的身姿。在欧洲,仙客来种植在庭院中,甚至在雪中它也能绽放美丽的花朵。无论是种植成最流行的盆花,还是做成切花,都不失其高雅的风采。在中国,仙客来被看成是吉祥而又饱含祝福的花,成为家喻户晓的知名盆花。

现在仙客来的栽培已经遍布世界各地,新品种不断出现,成为世界盆花市场知名的花卉。

(三)栽培现状及发展趋势

1. 国内外仙客来周年生产现状

由于深受世界各地人民的喜爱,仙客来被广泛种植于世界各地。1971年世界仙客来协会在英国成立,现在会员达1600多人,遍布世界各地。

在欧洲大陆,特别是在法国、荷兰、意大利,仙客来的生产已经成为规模很大的行业,一个企业1年就可以销售几百万盆。在专业化的公司,仙客来栽培已实现高度自动化、信息化,温室的温度和光照控制严格,劳动生产率大大提高,产品质量稳定,而且专业分工越来越明确,从品种的培育、种苗的生产、基质的供应到成品花的生产都由专门的部门来完成,形成了既分工又合作的良性生产局面。欧洲著名的仙客来专业育种公司有法国的莫莱尔公司和荷兰的先正达公司。

在美国,仙客来也是生产量较大的盆栽花卉,主要在温室中生产。育种水平较高,有专业化的育种公司,如著名的 Goldsmith 公司。

19 世纪末仙客来已被引进日本,并深受日本人民的喜爱。20 世纪 50 年代后,随着经济的发展及市场需求,仙客来育种、栽培技术发展很快,盆花年产量达到 1 500 多万盆,超过兰花,产量和效益均居盆花类之首(《世界农业》),成为欧洲之外的又一个仙客来生产和研究中心。

在仙客来育种方面,日本最初是针对其夏季气温高、湿度大的气候特点,对引进品种进行筛选,培育抗热品种,确保仙客来在夏季旺盛生长且易进行花芽分化,以达到年末上市。从 20 世纪 80 年代开始生产杂交一代,近年又在白色品种中选育出花色淡黄的黄花仙客来。日本在栽培仙客来方面与欧美各国有很大不同,以生产高质量、高附加值的高档盆花为主,叶片整齐是日本仙客来的一大特色,每一片叶、每一朵花都处于最佳的位置,植株丰满匀称,花束集中,具有较高的观赏价值。近年来,为了降低成本,日本也有些地方采取夏天将仙客来转至比较凉爽的山地生长,秋天移回平原温室培育的方法,使盆花的上市时间从 10 月延续到第二年的 3 月底。

2. 我国仙客来生产的现状及存在问题

(1)**现状** 我国仙客来栽培起步较晚,据天津园林绿化研究所傅新生等人考证,仙客来在 20 世纪 20~30 年代才从日本传入我国山东青岛等地,栽培量很少,以个人观赏为主。20 世纪 50 年代初北京、天津、青岛、上海等地开始了栽培技术和育种方面的研究工作,进入 80 年代开始出现批量生产和规模较大的引种工作,由于生产技术取得了一系列进步,开始出现了小规模商品化生产。

随着改革开放的加快,一些国际性仙客来育种公司把触角伸入了中国。1996 年胖龙园艺技术有限公司把法国莫莱尔公司的仙客来杂交一代新品种引入中国,现在该公司的哈里奥(Halios)、拉蒂尼亚(Latinia)、美蒂斯(Metis)三大系列杂交一代新品种已遍布大江南北。

目前国内的仙客来生产以河北、山东为主要产地,而河北又以张家口、石家庄、唐山三地为主。张家口以夏季冷凉的气候优势,邻近京津的优越地理位置,占据生产的天时、地利。河北石家庄的振头乡、张家口市的宣化区(张家口市坝下农业科学研究所所在地)被命名为"仙客来之乡"。河北的仙客来以品质好而畅销全国,山东则以生产的仙客来盆花数量多闻名全国。

（2）**存在问题**　仙客来是冬季重要的盆栽花卉，因用种子所培养的品种后代性状严重分离，优良特性很难保持，栽培品种的分离和退化是仙客来发展面临的主要问题。观赏价值越高的品种种子生产越困难，这已成为制约仙客来商品化生产影响经济效益的主要因素之一。

从品种选育工作来看，我国培育的品种普遍比国外差，仙客来生产用种大部分还是引自国外，成本很高，因此急需建立仙客来优良品种培育体系。

从仙客来的销售季节来看，我国的仙客来成品花主要集中在元旦、春节期间销售，其他季节的供应比较少。应该通过花期调控及异地栽培等技术，使仙客来成品花满足四季花市，从而增加销售量，提升市场空间。

从仙客来的分类形式看，目前其品种分类还没有统一标准，一般根据花色、花形、杂交系列及开花方式等分类。如何对仙客来进行系统分类，到目前为止，还没有明确的标准，这方面应深入研究，为今后的仙客来品种选育提供科学的指导。

从仙客来的市场销售形式来看，主要以盆花形式出现，而可观花、观叶又可观根的水培仙客来很少出现在市场上。因此，需要提高仙客来的水培技术，培育切花品种，丰富仙客来市场需求。

二、仙客来的分类、种与品种

（一）仙客来的分类

仙客来园艺品种的分类方法很多,可以根据育种方法分为固定种和杂交一代种,根据用途分为盆花和切花用品种,根据花的大小分为巨大花、大花、小花芳香性和普通品种,根据花瓣的多少分为单瓣(图2-1)、重瓣(图2-2、图2-3)品种,根据花瓣形态分为反转上翘型、平瓣风车型以及宽瓣型、皱边型等。但是实际上仙客来的遗传基因非常复杂,即使同一品种也可以看到不同的性状,可以说很难找到两株完全相同的仙客来。很多固定品种在引入后,可发现与原品种性状有许多不同。生产者在自己的栽培品种中不断进行优选,也产生出很多各种各样的系列。因此,如果仅按仙客来本来的品种以及生育特性进行分类是很难的。

图2-1　单瓣仙客来

图 2 - 2　重瓣仙客来

图 2 - 3　半重瓣仙客来

一般情况下为方便选择,仙客来根据植株的大小大致分为:①特大种。这一类大多是法国的老品种,主要为四倍体品种。②普通种。主要是由19世纪后期和20世纪前期的老品种培育而成。包括大多数杂交一代系列、品种以及彩色系列。③中等型。主要是一些适宜切花生产的老品种和源于近期的法国杂交一代种中花系列。④微小型。为小型植株,适用于6~8厘米(盆口直径,下同)盆中栽植(图2-4)。

根据叶片的大小和图案,可分为:①银边(图2-5)。叶片为绿色,叶缘周边为银色,常常沿叶脉延伸到叶片中央。②花叶(图2-6)。叶片有清晰的银色戟形图案,有绿边,中央为绿色。③银叶(图2-7)。叶片主要为银色,中央为绿色。④斑叶(图2-8)。叶绿,有银色或灰色图案,常为斑点,远离叶边,斑点沿叶脉分布。

图2-4　小型仙客来

图2-5　银边

图 2-6　花叶

图 2-7　银叶

图2-8　斑叶

　　仙客来的花瓣也有很大差别，一般有以下几种类型：①平展（图2-9）。大多数仙客来系列和品种的花瓣阔而平展。②皱边（图2-10）。花瓣有明显的皱边，又可分为普通皱边、波状皱边和双色皱边。普通皱边花瓣平展，边缘皱褶；波状皱边的花瓣为波状，边缘皱褶；双色皱边的花瓣平展或有皱边，但皱边颜色与其他部位颜色反差大。③花边（图2-11）。花瓣有反差大的淡色或深色花边。④波状（图2-12）。花瓣波状，无皱边。⑤脊突。花瓣中央有明显的脊突。⑥齿状（图2-13）。花瓣边缘有深浅不一的齿。

图2-9　花瓣平展

图2-10　皱边花瓣

图 2 - 11　花边花瓣

图 2 - 12　波状花瓣

图2-13　齿状花瓣

从原则上来说,进行品种分类时至少应在一种性状上有所不同,即植株有不同的特性,如颜色、花的大小、叶片、栽培管理方法、抗病性等。同时品种内植株要相对一致,能够正常繁殖,并且品种名称必须对品种特性有适当而准确的描述。国际仙客来协会从1993年开始对仙客来品种进行注册。国际上通用的做法是将仙客来按以下层次分类:种、种中选出的系列、品种、组类、杂种。种名一般以拉丁学名直接标出,如 *C. persicum*,或者标出原收集者的号码,或者标出特别类型。品种的名字则以单括号括起,列于它们所属的种名之后。

系列是将相似的仙客来品种归为一组,这种所谓的相似可以是形态上的相似也可以是来源相同。小组中仙客来的花色可以相同,也可以不同。一些种子公司有可能生产一个至几个系列,有时系列中的品种却并不一定会有很大区别,有许多重名的现象,这是因为它们常常是由同一种材料培育而成的。

目前,仙客来的品种分类仍采用国际上惯用的方法,人们较为认可的有3种:

(1)**按其原始种分类**　英国皇家邸园分类法就把仙客来分成17个原始种,根据是产地、花色、花季、香型、叶片大小、耐寒性等条件。

(2)**按染色体分类**　分为二倍体(原始种)、四倍体(园艺种)。

(3)**按观赏价值分类**　依据花色、花形、叶色、叶形等分类。

我国较常用的是按花形分类,一般分为以下几种:

(1)**皇冠形** 开花时花瓣反卷,花瓣平展、直立或自基部向上旋转、扭曲联合成开放型筒状,自基部向上逐渐开张,因看似皇冠而定名。此类型为仙客来标准花形,在各类仙客来中均有,在中小型花中最常见。

(2)**蝴蝶形** 开花时花瓣反卷,花瓣大而宽,平展、直立成折叠状,因花似瞬间驻足小憩的蝴蝶而定名。此类型亦为仙客来标准花形,在宽瓣花中最常见。

(3)**灯笼形** 开花时花瓣下垂,呈半开状,花瓣边缘有深浅不同的皱褶和细缺刻,花瓣较宽,因花开时形似灯笼而定名。该类型不常见。

(4)**牡丹形** 此类型花为仙客来雄性不育系所特有。花瓣多枚,因花开时形似开放的牡丹而定名。

(二)仙客来的种与品种

仙客来属的起源非常古老和复杂,经历了几百万年的进化,从一个原始种发展成不同类型。因此,尽管许多仙客来看起来相似,但它们却有着不同的遗传基因和数量不同的染色体,并且在同一地区或生态区域内的不同种的染色体数也不一致,它们之间杂交是不结实的,形成了仙客来属不同的种。

经过园艺育种家几个世纪的不断努力,已经培育出了许许多多的仙客来园艺品种,但是仙客来的原始种始终都是根据其原产地的分布以及植物学来分类的。仙客来的分类方法因分类者不同而有不同,有的将一些变种区分为种,贝莱将仙客来的原始种分为41种,其后德伦勃斯又将其分为20种,英国的桑德斯认为是17种,比较流行的是将仙客来分为18种的方法。即使是相同种类的仙客来也可以看到花色及叶斑存在相当大的差异,这是仙客来与许多其他植物所不同的地方。

1. 仙客来的种

(1)**仙客来**(*Cyclamen persicum* Mill)(图2-14) 原产土耳其南部、希腊克里特岛、塞浦路斯、巴勒斯坦、叙利亚、突尼斯等地。现在的栽培品种大部分都是由这个种选育或杂交培育而成的。

本种仙客来具有厚的肉质扁球形块茎,球茎可生活百年以上。茎的基部周围形成根环,根粗壮,似绳,茎的上部产生叶芽、花芽,抽生叶柄和花梗。叶片圆形或心形,叶缘有的光滑有的有齿,有些齿较大。叶面浓绿带有银色斑纹,斑纹多为戟形图案或圆点;叶背绿色,有紫红带;叶不耐寒;叶柄肉质,长5~15厘米。花茎高15~20厘米,紫红色肉质,一般高过叶丛,不卷曲,但当蒴果坐果成熟时梗弯曲,变得硬挺而拱起,使果实弯向地面。花大,直径约3.8厘米,花瓣长,狭窄而扭曲。花形有多种变化,有鸡冠状花瓣、波状花瓣、重瓣等变种,花色有深红、玫红、桃红、白、紫等。花冠带有强烈的香味,具有浅色斑、洋红凹。染色体数 $2n = 48$。

图 2-14　仙客来

（2）**地中海仙客来**（*C. hederifolium* Aiton）　原产于欧洲南部意大利的撒丁岛、科西嘉岛,法国南部和希腊,其次在土耳其西部、原南斯拉夫地区。这个种的仙客来常生活在栎属植物和橄榄树下、耐寒性、耐热性均强,作为仙客来原种是最容易栽培的一个种。地中海仙客来在欧洲常可在花店见到,除了特别寒冷的地带,更多是在室外栽培。芽通常在夏季发生,开花可一直持续到秋末。种内有两个变种,一个开花早,一个开花迟,花期从8月到11月。

地中海仙客来花色有白、红、粉、淡玫红。花冠裂片长短不同,一般为2厘米,有洋红凹。花细长柔软,花药微红色,花量较多,并且随着球茎的生长而增加。它是先开花后出叶,有时可见到花与叶同时从土中向地上部伸出的状态。叶柄往往呈匍匐状。叶形、叶色和叶面图案有很大差异,叶色从全绿到浓银色,有一些类型是中心淡黄绿色或淡果绿色的嵌合体,也会看到中间带菱形和圆形图案边缘几乎为黑绿色的,地中海仙客来的叶也是遗传多样化的优良资源。叶缘有齿,叶尖圆或尖。叶在一年中的大部分时间都存在,但许多在盛夏6~7月的不良环境下会失去叶片。因此,应使年轻植株保留叶片度过整个休眠期,这就需要注意遮阴和浇水。

地中海仙客来的球茎扁平,有软木状表皮,从球茎上部或周围生根,但不覆盖椭圆形基部,所以根的分布较浅。在适宜的环境下第二年就能开花,但经常是在第三年球茎长到6厘米左右时开花。球茎会逐渐增大,可一直长到小桌子大小,生命最长的纪录是150年以上。染色体数$2n = 34$。

(3)小花仙客来(*C. coum* Mill)(图2-15) 广泛分布于从伊朗北部到黑海边的保加利亚、土耳其、叙利亚西部、黎巴嫩以及以色列北部,在高加索也有分布。耐寒性较强,在冬季也能开花。小花仙客来多生长于山间北侧斜坡,黑海沿岸沙质土中及丘陵的森林中,对环境的适应能力很强。花芽在12月开始出现,花期可一直持续到3月。

图2-15 小花仙客来

小花仙客来的花瓣短,近圆形,花小,白色至红色,也有淡玫瑰粉或深红色,在基部有紫色斑,为微小型仙客来。叶为圆形或肾形,表面暗或明亮有光泽,有浅绿色戟形图案或斑点,近年来已培育出较珍贵的叶缘有镶银边或叶子完全覆有银色的品种。

圆形球茎有薄的木栓表皮,表面光滑平坦,顶部有凹痕。新叶和花芽从球茎顶部长出,根从底部中间长出。植株长到第三年球茎约3厘米时开始开花。染色体数$2n = 30$。

（4）**欧洲仙客来**（*C. purpurascens* Mill） 原产于欧洲高原,分布于意大利、保加利亚、瑞士南部、奥地利、原南斯拉夫地区北部,生长于石灰岩地带的林中。

球茎圆形或扁平形,在表面所有地方都可以发出粗壮稠密的褪色根系,所以球茎经常被根系包裹着。叶片大体上一年中都呈现绿色,为常绿植物,这同其他仙客来不同。夏季可以不经过休眠,但也可以在休眠后再产生新的叶片和花蕾。叶片圆形或心形,一些叶在常绿色叶上具有银白色网状花边,另一些叶是无花纹的暗绿色。叶缘有细密小齿,叶背紫红色。花与叶同时显现,具有浓的芳香性。可以四季开花,一般多在夏秋开花。花茎长 10～15 厘米,花朵较小,花的外面几乎正方形,花瓣长宽几近相等。花色有胭脂红和粉、紫,但以粉色为多。花冠基部颜色较深,也有珍贵的白化体植株,但白化体在栽培中是自花不育的,需人工授粉才能结实。

在原产地该种在森林树荫下能正常生长,喜欢半阴凉爽,不喜欢阳光充足,在欧洲也用于庭院栽植,进入花期可一直保持开花到首次降雪。喜肥沃的腐殖土,有一定湿度,一年当中的任何时候都不允许干透。种子萌发后 3 年之内生长成熟,球茎可以一直长大到 23 厘米。染色体数 $2n = 34$。

（5）**非洲仙客来**（*C. africanum* Boiss et Reuter） 原产非洲阿尔及利亚、突尼斯、利比亚等地,花色从白至深粉色或红色,非常醒目。花期早,一般 8～9 月开花,可一直延续到圣诞节。

非洲仙客来最不耐寒,球茎在温度较高时生长迅速,特别是种植在合适的栽培基质上,可长到直径 30 厘米以上。一般播种后第三年开始开花,偶尔也可在第二年开花。球茎扁平,表皮具有软木结构,色泽灰褐,根系在球茎整个表面形成。

叶的生长方式不同于地中海仙客来的匍匐状,而是直立生长在球茎上。它是仙客来属中叶子最大的种,叶组织坚韧,纯亮绿色或具有暗色斑纹。一般为心形,尖角有的为较宽的常春藤叶形。叶边缘具有浓密的小点,用手触摸可以清晰地辨别出来像珠状。非洲仙客来的另一个特点是生长时花与叶一起长出,花都是粉色,深浅不同,有时是香的,花药颜色全是黄色。染色体数 $2n = 34$。

（6）**波叶仙客来**（*C. repandum* Sibth）（图 2-16） 波叶仙客来是地中海地区特有的,从法国南部到意大利撒丁岛、希腊克里特岛和原南斯拉夫地区中部都有分布,几乎遍及欧洲,在非洲也有一些分布。生长于高大林木下的落叶层上,为林地植物,所以栽培时应避免强光直射。花色深粉,宽瓣,有紫丁香香味。12 月中旬开始展叶,花期 3～5 月。叶心形或似常春藤状,有银色叶斑,在绿色背景上戟形图案非常醒目,叶缘有齿。球茎较小,扁球形,有褐色表皮。根从底部生长,怕干旱,栽植时要深植,球茎埋入土中 10 厘米,比较耐寒,种内有 3 个变种。染色体数 $2n = 20$。

图 2 - 16　波叶仙客来

（7）**西西里仙客来**（*C. cilicium* Boiss et Heldr）　原产意大利西西里岛、土耳其南部和安纳托利亚森林地带的松林中。生长于半遮阴的高山上,在那里生长很快。比较耐寒,生长健壮,开花期从仲秋至深冬。典型的小型花,花瓣长 10 ～ 18 毫米,淡粉至白色花,有深洋红斑,穴弯狭小,叶与花芽同时出现,为整齐的汤匙形,有银色边。新叶从顶部中心出现,根系从底部中心环生长,培育种苗两年内可以开花。染色体 $2n = 30$。

（8）**希腊仙客来**（*C. graecum* Link）（图 2 - 17）　为希腊特产,通过希腊和土耳其北部传向南方。抗寒性不太强。该种经常发现生长于森林中阳光充足的石灰岩形成的碎石下沙地上。1906 年希尔德布兰德发现它的花梗从底部开始卷曲,比其他种类蒴果更下垂。

花白至粉色,具有洋红凹,在颜色上有变异,从淡粉至深鲜红色不等。凹缺在花冠裂开迅速生长时形成,花瓣长而狭,能直立或优美地扭曲,大多数花比较大。叶芽与花芽同时显现或在花芽之后出现,心形叶具细密小齿和柔软光滑的组织,从该种中可收集到具有鲜明白色大理石般的叶或银色叶。还有稀有的灰绿色叶上具有复杂的花边,图案像雪花的品种。

球茎比其他种更近椭圆形,表皮粗糙,软木状表皮厚,肉质根。野生状态下花高可达60 厘米。播种 3 ～ 4 年首次开花,在栽培中球茎直径可长到 20 厘米左右。如果发现球茎在岩石下,肉质根系伸向干热的土壤表面以下的水区,盆栽用透水性强的沙石基质更好。染色体数 $2n = 84$。

图 2-17　希腊仙客来

（9）**巴利阿里仙客来**（*C. balearium* Willk）　原产于西地中海巴利阿里群岛,特别是马略卡岛等海岛上,同时其种群在法国南部几个相对独立的海岛也有分布。该种生长在山毛榉树荫下,充满腐殖质的石灰岩裂缝中或悬崖下阴凉处。这种分布于相对独立的海岛和陆地岛的情况使其具有自交生育能力。但遗传学等位酶研究表明该种又有显著的杂合体遗传特性,陆地岛种群的遗传多样性大于海岛种群。表明远古时巴利阿里群岛是连在一起的。陆地岛种群分化大于海岛种群,这种遗传分化大的原因被认为是与气候和人类因素有关。

花期在 3~4 月,花白色,偶尔有粉色,芳香。在冷室或不加温温室中种植时花梗较短。叶和花同样多,叶略大而薄,卵圆形或心形,带蓝灰色的上表皮有银斑,红色叶背,边缘有细小齿。球茎小而扁平,根系从底部中心着生,严寒时要加以防护。叶片在灼热的阳光下需遮阴。染色体数 $2n = 20$。

（10）**克里特仙客来**（*C. creticum* Hildebr）　分布于偏僻的克里特岛地区。球茎生长在山坡丘陵树下多石的红土上,多在深沟阴凉处和石缝中。开美丽的白花,微香。耐寒冷性弱,花期 3~5 月。花瓣狭窄精巧,没有洋红凹。叶片小,心形,尖角,叶面深绿色或有银色斑,背面深红。球茎扁圆形,有薄的褐色外皮,根系着生于底部中间。染色体数 $2n = 22$。

（11）**塞浦路斯仙客来**（*C. cyprium* Kotschy）　这个种的野生种仅产于塞浦路斯群岛，生长在林下阴凉处。花初开时为粉白色，有浓香，成熟时很快变成白色。叶片窄心形，叶面有明亮的橄榄色或宝石色，在暗绿背景上有鲜明的银白斑，少部分叶表面有淡绿或暗绿斑纹，幼嫩叶表面常为红色。

球茎圆形，褐色，根系着生在四周及底面中部，球茎在夏季休眠期之后缓慢生长，当长到直径 2.5 厘米时才能开花，这大约需要 3 年时间。耐寒性不太强。染色体数 $2n = 30$。

（12）**木拉贝拉仙客来**（*C. mirabile* Hildebr）　为土耳其南部特产，生长于石灰岩土中。花多为粉色，花瓣狭窄，尖端边缘具有纤细小齿。花冠口上具有暗斑，近中心表面有小的蜜腺细胞，花期从夏末持续到 11 月。幼叶表面具有鲜明的深红色，有时这种颜色在叶上戟形图案中有明显的界线，有时贯穿于整个中心区域。球茎大，木栓化表皮，根从中心周围环状生长，根系粗纤维状。一般在种苗生长多年之后，球茎长到 4 厘米左右时开花，耐寒性弱。染色体数 $2n = 30$。

（13）**黎巴嫩仙客来**（*C. libanoticum* Hildebr）　本种原生于贝鲁特东北部山坡上石头和树根之间，在当地很普遍，现几近绝迹。花色由浅粉、粉到深红，在 2～3 月开放，具有芳香味。芽在冬前形成，但一直保持到春天才开。花径大于 2.5 厘米，比大多数仙客来花冠裂片大，尖卵圆形，花梗长 15 厘米左右。叶片略呈圆形或倒心形，初冬开始长叶。叶面有橄榄色宽带，叶背为浅红色。

球茎很小，圆形，表面褐色。球茎在栽培过程中可逐渐长大，根群数量也增加，成年球茎软木栓化，底部边上长出细长根。本种可生长在干燥、阳光充足的环境中，耐寒性较弱。染色体数 $2n = 30$。

（14）**特洛霍普仙客来**（*C. trochopteranthum* Schwarz）　本种直到近代才被发现，它同小花种仙客来有些相似。花大多为浅粉色，也有深粉类型的，红宝石般暗红色花冠口。花冠裂片从来没有彻底反折，只是永远保持 90°角，就像飞机的螺旋桨叶，每朵花大约 4 厘米宽。叶色深绿，具有戟形色斑，红色叶背。球茎圆形，耐寒性较强。一般种后 3 年形成花芽，开花从冬季到夏季，适合于温室种植。染色体数 $2n = 30$。

（15）**帕尔夫洛仙客来**（*C. parviflorum* Pobed）（图 2 - 18）　这是一个微小型的仙客来种，非常珍贵。花为暗粉紫色，基部没有洋红斑区，每个花冠长度仅 5～10 厘米。花梗较短，仅超出叶丛，一般秋末在球茎顶部形成花芽，冬末到春天开花。叶为常春藤叶状，深绿色，一年中大部分时间植株都保留叶片，近乎常绿。子叶浅绿，比真叶色浅。球茎小，具薄的鲜绿色外表皮，扁平的顶部有一中心生长点，底部有中心根盘，全年连续生长。花芽第一次发育约在第二年或第三年时。比其他仙客来容易受干燥的影响。染色体数 $2n = 30$。

图 2 - 18　帕尔夫洛仙客来

（16）**普斯迪贝拉仙客来**（*C. pseudibericum* Hildebr）　原产小亚细亚南部地区，生长在林中石灰岩风化土壤上。花为亮粉红色，比小花仙客来大，同时也更醒目，具有芳香味。在花冠基部有一对引人注目的白色斑被深褐色紫色区所包围。本种在遮阴下生长良好，但也能耐较强的光照。花期 1～4 月，是一年中花期较早的仙客来，秋天形成花芽直到第二年初春才发芽，花瓣的颜色和花的香气最受欢迎。叶心形，多有鲜明的大理石花纹。球茎球形，顶部扁平，表皮淡褐色质地软化，根系从底部发出。抗寒性特别强。染色体数 $2n = 30$。

（17）**罗尔夫斯仙客来**（*C. rohlfsianum* Aschers）　原产利比亚东部，生长在林间石缝中。本种为珍贵的秋花种，不耐寒，冬季需温暖的环境。花深粉色，具芳香性，花长，花冠裂片尖角扭曲，花期 9～11 月。结实花梗从基部到尖端都卷曲，这一点不同于大多数仙客来。叶卵圆形至心形，大部分为银叶，其余的叶色正面为浅绿或深绿，背面为深绿或红色。幼叶是全缘的，叶柄上覆有褐粉色毛，但是充分发育时毛即失去，叶片变宽，成熟时叶开裂，具深裂和齿状。球茎呈不规则形，最终生长成软木状，顶部变平，直径可达 20 厘米或更大，生长期可长达数十年，褐色根从球茎边上长出。染色体数 $2n = 96$。

（18）**康莫达仙客来**（*C. commutatum* Schwarz et Lepper）　本种是非洲西北部发现的，但同非洲仙客来在染色体上不同，染色体数 $2n = 68$。康莫达仙客来的花期可延续到圣诞节。

2. 仙客来的品种

仙客来有着悠久的栽培历史，经过育种家们不断的努力，培育出了许多的栽培品种。

现代的仙客来品种不是通过种间杂交而产生的,而是利用 *C. persicum* 所特有的遗传变异性,经过一代又一代仔细的选择和种内杂交才培育出现在所见到的大花种类、多花种类以及各种花形和丰富的花色。因此,可以说几乎所有的品种都是来源于这个普通种仙客来,它代表了植物育种家育种艺术的成就。

目前,国内常见仙客来品种简介如下。

(1)法国莫莱尔公司的杂交一代仙客来品种 法国莫莱尔公司是世界上唯一一家在仙客来原产地从事仙客来育种的专业化公司,有 50 多年历史。胖龙园艺技术有限公司 1996 年将其杂交一代仙客来品种引入中国,占据国内杂交一代种子的大部分市场,中国市场上主打为三大系列百余个品种。

1)美蒂斯(Metis)系列。属于杂交一代种,是市场上花色最齐全的小花型品种,共有 30 种单色,4 种混色。

● 特点:植株成花能力强,花期早,花色鲜艳,自播种到上市 25~28 周,花期 9 月到第二年 3 月。抗灰霉病能力强。

● 花色(图 2-19~图 2-52):4011 密实鲜红色,4013 密实亮红色,4021 密实鲜橙红色,4050 橙红玫瑰色,4062 红喉浅玫瑰色,4067 紫喉淡紫色,4071 鲜海棠红色,4072 海棠红色和鲜海棠红色,4080 水彩海棠红色,4085 波斯玫瑰红色,4090 紫色,4096 深紫色,4107 深品红色,4120 纯白色,4121 改良纯白色,4126 红喉白色;4910 火焰纹混色(浅品红色,海棠红色,橙红色,品红色,紫色);4210 银饰叶鲜红色,4220 银饰叶品红色,4221 银饰叶深品红色,4225 银饰叶纯白色,4230 银饰叶橙红色,4235 银饰叶鲜橙红色,4270 银饰叶鲜海棠红色,4285 银饰叶波斯玫瑰红色,4290 银饰叶紫色;4315 梦幻红色和海棠红色,4320 梦幻鲜橙红色,4385 梦幻深品红色,4395 梦幻深紫色;4701 维多利亚,4740 维多利亚橙红色和海棠红色,4790 维多利亚混色;4590 蕾丝贝贝混色(4999 蕾丝贝贝橙红玫瑰色,4999 蕾丝贝贝海棠红色,4999 蕾丝贝贝紫色,4999 蕾丝贝贝品红色,4999 蕾丝贝贝纯白色)。

图 2-19 4011 密实鲜红色

图 2-20 4013 密实亮红色

图 2 - 21　4021 密实鲜橙红色

图 2 - 22　4050 橙红玫瑰色

图 2 - 23　4062 红喉浅玫瑰色

图 2 - 24　4067 紫喉淡紫色

图 2－25　4071 鲜海棠红色　　　　　　图 2－26　4072 海棠红色和鲜海棠红色

图 2－27　4080 水彩海棠红色　　　　　　图 2－28　4085 波斯玫瑰红色

图 2 – 29　4090 紫色

图 2 – 30　4096 深紫色

图 2 – 31　4107 深品红色

图 2 – 32　4120 纯白色

图 2 - 33　4121 改良纯白色　　　　　　　　图 2 - 34　4126 红喉白色

图 2 - 35　4910 火焰纹混色(浅品红色,海棠红色,橙红色,品红色,紫色)

图 2 - 36 4210 银饰叶鲜红色　　　　　图 2 - 37 4220 银饰叶品红色

图 2 - 38 4221 银饰叶深品红色　　　　　图 2 - 39 4225 银饰叶纯白色

图 2 - 40　4230 银饰叶橙红色　　　　　　　图 2 - 41　4235 银饰叶鲜橙红色

图 2 - 42　4270 银饰叶鲜海棠红色　　　　　图 2 - 43　4285 银饰叶波斯玫瑰红色

图 2 - 44　4290 银饰叶紫色

图 2 - 45　4315 梦幻红色和海棠红色

图 2 - 46　4320 梦幻鲜橙红色

图 2 - 47　4385 梦幻深品红色

图 2 - 48　4395 梦幻深紫色

图 2 - 49　4701 维多利亚

图 2 - 50　4740 维多利亚橙红色和海棠红色

图 2 - 51　4790 维多利亚混色

图 2 – 52　4590 蕾丝贝贝混色

　　2）拉蒂尼亚（Latinia）系列。拉蒂尼亚系列属杂交一代种,密实大花型仙客来,共有21 种单色,1 种混色。

　　●特点:植株长势均匀一致,生长期 28 ~ 31 周（播种到开花）,易栽培,耐高温,抗强光照射,单位面积种植经济效益高,其中有一个品种带有香味。成花一致性好,成花能力强,株形紧凑,花簇大,生产效益高。

　　●花色（图 2 – 53 ~ 图 2 – 74）:1010 鲜红色,1060 红喉玫瑰色,1063 紫喉玫瑰色,1071 鲜海棠红色,1095 深紫色,1109 卡特莱亚紫色,1128 白色;1910 火焰纹混色（海棠红色,品红色,橙红色,紫色）;1309 梦幻卡特莱亚紫色,1310 梦幻红色,1371 梦幻鲜海棠红色,1372 梦幻海棠红色,1385 梦幻深品红色,1395 梦幻深紫色;1850 火炬品红色,1011 永利亮红色,1038 永利橙红色,1070 永利海棠红色,1097 永利紫色,1107 永利深品红色,1121 永利纯白色;1700 维多利亚 50。

图 2 - 53　1010 鲜红色

图 2 - 54　1060 红喉玫瑰色

图 2 - 55　1063 紫喉玫瑰色

图 2 - 56　1071 鲜海棠红色

图 2 – 57　1095 深紫色

图 2 – 58　1109 卡特莱亚紫色

图 2 – 59　1128 白色

图 2 – 60　1910 火焰纹混色
(海棠红色,品红色,橙红色,紫色)

图 2 - 61　1309 梦幻卡特莱亚紫色

图 2 - 62　1310 梦幻红色

图 2 - 63　1371 梦幻鲜海棠红色

图 2 - 64　1372 梦幻海棠红色

图 2 - 65　1385 梦幻深品红色　　　　图 2 - 66　1395 梦幻深紫色

图 2 - 67　1850 火炬品红色　　　　图 2 - 68　1011 永利亮红色

图 2-69　1038 永利橙红色

图 2-70　1070 永利海棠红色

图 2-71　1097 永利紫色

图 2-72　1107 永利深品红色

图2-73　1121永利纯白色　　　　　　　图2-74　1700维多利亚50

3）哈里奥（Halios）系列。杂交一代种,为标准的大花型仙客来。该系列共有51种单色和6种混色。

●特点:对逆境生长条件,如高温、强光等有惊人的承受能力,容易生长。

●花色（图2-75～图2-132）:2127红喉白色,2145火焰纹橙红色,2150火焰纹品红色,2160火焰纹紫色,2590瑰丽皱边混色,2620迪娃纯白色;2811腮云混色,2812浓重腮云混色;2410瑰丽皱边鲜红色,2420瑰丽皱边鲜橙红色,2450瑰丽皱边橙红玫瑰色－带火焰纹,2461瑰丽皱边红喉浅粉红色,2470瑰丽皱边海棠红色,2471瑰丽皱边鲜海棠红色,2495瑰丽皱边深紫色,2506瑰丽皱边品红色,2507瑰丽皱边镶边品红色,2525瑰丽皱边白色,2565瑰丽皱边浅海棠红色－带火焰纹,2595瑰丽皱边镶边紫色;2210银饰叶红色,2290银饰叶火焰纹混色;2381梦幻银饰叶品红色,2381梦幻银饰叶深紫色;2305梦幻品红色,2311梦幻红色,2370梦幻海棠红色,2371梦幻鲜海棠红色,2395梦幻深紫色;2850火炬品红色;2018-HD亮鲜红色,2021-HD鲜橙红色,2035-HD迪娃橙红色,2039-HD橙红色,2065-HD迪娃红喉粉色,2075-HD印度红色,2076-HD石榴红色,2077-HD霓虹海棠红色,2081-HD浅海棠红色,2101-HD卡特莱亚紫色,2107-HD深品红色,2123-HD白色,2124-HD纯白色,2690-HD迪娃紫色,2695-HD迪娃深紫色,2910-HD火焰纹混色（海棠红色,品红色,橙红色,紫色）;2010鲜红色,2015亮鲜红色,2051橙红玫瑰色,2062红喉玫瑰色,2071鲜海棠红色,2090紫色,2096深紫色,2105品红色,2125纯白色;2700维多利亚50,2730维多利亚50橙红色,瑰丽早熟皱边混色。

图 2 - 75 2127 红喉白色

图 2 - 76 2145 火焰纹橙红色

图 2 - 77 2150 火焰纹品红色

图 2 - 78 2160 火焰纹紫色

图 2 - 79　2590 瑰丽皱边混色

图 2 - 80　2620 迪娃纯白色

图 2 - 81　2811 腮云混色

图 2 – 82　2812 浓重腮云混色

图 2 – 83　2410 瑰丽皱边鲜红色

图 2 – 84　2420 瑰丽皱边鲜橙红色

图 2 – 85　2450 瑰丽皱边橙红玫瑰色 – 带火焰纹

图 2 – 86　2461 瑰丽皱边红喉浅粉红色

图 2 – 87　2470 瑰丽皱边海棠红色

图 2 – 88　2471 瑰丽皱边鲜海棠红色

图 2 – 89　2495 瑰丽皱边深紫色

图 2 - 90　2506 瑰丽皱边品红色

图 2 - 91　2507 瑰丽皱边镶边品红色

图 2 - 92　2525 瑰丽皱边白色

图 2 - 93　2565 瑰丽皱边浅海棠红色 – 带火焰纹

图 2 – 94　2595 瑰丽皱边镶边紫色

图 2 – 95　2210 银饰叶红色

图 2 – 96　2290 银饰叶火焰纹混色

图 2 – 97　2381 梦幻银饰叶品红色

图 2 - 98　2396 梦幻银饰叶深紫色

图 2 - 99　2305 梦幻品红色

图 2 - 100　2311 梦幻红色

图 2 - 101　2370 梦幻海棠红色

图 2 – 102　2371 梦幻海棠红色

图 2 – 103　2395 梦幻深紫色

图 2 – 104　2850 火炬品红色

图 2 – 105　2018 – HD 亮鲜红色

图 2 - 106   2021 - HD 鲜橙红色

图 2 - 107   2035 - HD 迪娃橙红色

图 2 - 108   2039 - HD 橙红色

图 2 - 109   2065 - HD 迪娃红喉粉红色

图2-110 2075-HD 印度红色

图2-111 2076-HD 石榴红色

图2-112 2077-HD 霓虹海棠红色

图2-113 2081-HD 浅海棠红色

图 2 – 114　2101 – HD 卡特莱亚紫色　　　　　图 2 – 115　2107 – HD 深品红色

图 2 – 116　2123 – HD 白色　　　　　图 2 – 117　2124 – HD 纯白色

图 2 – 118　2690 – HD 迪娃紫色　　　　　图 2 – 119　2695 – HD 迪娃深紫色

图 2 – 120　2910 – HD 火焰纹混色　　　　图 2 – 121　2010 鲜红色

图 2 - 122　2015 亮鲜红色

图 2 - 123　2051 橙红玫瑰色

图 2 - 124　2062 红喉玫瑰色

图 2 - 125　2071 鲜海棠红色

图 2 - 126　2090 紫色

图 2 - 127　2096 深紫色

图 2 - 128　2105 品红色

图 2 - 129　2125 纯白色

图 2 - 130　2700 维多利亚 50　　　　　图 2 - 131　2730 维多利亚 50 橙红色

图 2 - 132　瑰丽早熟皱边混色

（2）**美国维生公司**（Speedling Incorporated）**的仙客来品种** 共有6大系列57个品种。

1）激光（Laser）系列。微小型品种，共有15种单色，1种混色。

●特点：开花期整齐一致，花色丰富，具芳香，生长适温13～18℃，播种后26～28周开花，适宜10～12厘米花盆栽植。

●花色：CYC0101深橙红色，CYC0102紫红色，CYC0103淡紫色，CYC0104蝴蝶兰色，CYC0105粉红色，CYC0106粉红色火焰色，CYC0107紫色，CYC紫色火焰，CYC0109玫瑰色，CYC0110玫瑰红火焰色，CYC0111带眼橙色，CYC0112猩红色，CYC0113白色，CYC0114白色带眼，CYC0115葡萄酒色，CYC0116混色。

2）迷你（Midori）系列。微小型品种，共有3种单色。

●特点：有香味，花色丰富，开花整齐一致，生长适温13～18℃，播后26～28周开花，适宜10～12厘米花盆栽植。

●花色：CYC0201深玫瑰红色，CYC0203白色，CYC0202猩红色。

3）奇迹（Miracle）系列。本系列共有8种单色，1种混色。

●特点：植株非常整齐一致，开花期长，气味芬芳，花开不断，植株高20～25厘米。生长迅速，播种24～26周可开花，除冬季外，可在秋季种植在盆钵和花坛中。

●花色：CYC0301深玫瑰色，CYC0304橙红色，CYC0307带眼白色，CYC0302深橙红色，CYC0305深红色，CYC0308紫色，CYC0303玫红色，CYC0306白色，CYC0309混色。

4）巨人（Robusrta）系列。是目前世界上最大花型的仙客来系列之一，比山峦系列还大。共7种单色，1种混色。

●特点：植株健壮，生命力强，花和叶的比例匀称，适于20厘米的盆栽植。株高35～40厘米，冠幅30～35厘米。

●花色：CYC0401紫红色，CYC0402紫色，CYC0403玫红色，CYC0404橙红色，CYC0405猩红色，CYC0406白色，CYC0407酒红色，CYC0408混色。

5）银耀（Silverado）系列。

●花色：CYC0501银叶色，CYC0503白色，CYC0502猩红色，CYC0504紫火焰混色。

6）山峦（Sierra）系列。共有18种单色。

●特点：花期早，品质佳。叶片排列整齐，造型美观，具有很好的观赏价值。适宜在中型或大型盆中栽种，一般28～32周开花。

●花色：CYC0601深玫瑰色，CYC0602深橙红色，CYC0603深红色，CYC0604淡粉红带眼睛，CYC0605淡丁香色，CYC0606淡紫色，CYC0607紫色，CYC0608紫色火焰，CYC0609玫红色，CYC06010玫红火焰，CYC06011橙红色，CYC06012玫瑰火焰，CYC06013橙红眼睛，CYC06014猩红色，CYC06015白色，CYC06016白色，CYC06017葡萄酒色，CYC06018火焰色。

（3）**荷兰斯好莱仙客来品种**

1）超级微型系列（Super Serie'Micro'）。共有 9 种花色。

●特点：是世界上最小的仙客来品种，特殊的基因性状决定了它精致的迷你株型。即使在炎热的气候下，营养成分也不会转移到叶片，而使叶型偏大。在最适生长条件下，播种后 24 周可开花。

●花色：红色，浅橙红色，深紫色，酒红色，淡粉紫色，亮粉红心，深橙红色，淡紫红色，白色。

2）超级紧凑系列 F_1（Super Serie'Compact'F_1）。共有 14 种花色。

●特点：微小型植株，中小花型；植株健壮，株形紧凑；叶型小而壮实，数量多；花朵整齐、集中，色泽艳丽；耐热性极强；种植周期短，花期长。北方适合种植盆径 8～10 厘米，南方 10～12 厘米；适合室内外种植，也适合水中栽培。根据不同的气候条件生长期有所不同，高温期会使生长期增长，在最适生长条件下，播种后 26 周可开花。

●花色：红色，深橙红色，浅橙红色，酒红色，粉火焰纹，橙红色，淡粉紫色，粉红斑纹，深紫色，亮粉红心，白色，浅紫色。

3）超级迷你早花系列 F_1（Super Serie'Mini Winter'F_1）。共有 9 种花色。

●特点：属于微小型植株，中小花型。这一品种最显著的特点是不易感染葡萄孢菌。另外，由于其叶型开阔，使空气流通更加顺畅，也降低了葡萄孢菌的感染机会。

●花色：红色，淡粉紫色，浅紫色，深橙红色，粉火焰纹，亮白红心，浅橙红色，深紫色，白色。

4）超级经典系列 F_1（Super Serie'Original'F_1）。共有 12 种花色。

●特点：中型植株，中小花型；植株健壮，株形紧凑；叶型小而壮实，数量多；花朵整齐、集中，色泽艳丽；耐热性极强；种植周期短，花期长。北方适合种植盆径 10～12 厘米，南方 12～14 厘米；适合室内外种植，也适合水中栽培。根据不同的气候条件生长期有所不同，高温会使生长期增长，在最适生长条件下，播种后 24 周可开花。

●花色：红色，淡粉紫色焰，深紫色焰，酒红色焰，淡紫红色焰，浅紫色焰，深橙红色焰，浅紫斑纹焰，亮粉红心，浅橙红色馅，粉色斑纹焰，白色焰。

5）超级大花 XL 系列 F_1（Super Serie'XL'F_1）。共有 14 种花色。

●特点：中型植株，大花型；植株健壮，株形紧凑；叶型小而壮实，数量多；花朵整齐、集中，且数量多；花瓣直立朝上；花色品种多，色泽艳丽；耐热性极强，种植周期短；花期长达 6 个月。北方适合种植盆径 12～16 厘米，南方 14～18 厘米；适合室内外种植，也适合水中栽培。根据不同的气候条件生长期有所不同，高温会使生长期增长，在最适生长条件下，播种后 30 周可开花。

●花色：红色，深橙红色，浅橙红色，淡粉紫色，浅紫色，酒红火焰，淡紫红色，亮白红心，橙红火焰，紫红色，白色，紫色火焰，深紫色，霓虹火焰。

（4）**日本泉农园仙客来品种** 泉农园仙客来品种的栽培技术要求比较高,生育期比欧美种稍长,特点是植株坚实紧凑,花坚挺,观赏期长,抗寒耐热性好,适应能力强,适合中国大多数地方栽植。大多数品种的花比欧美种的要宽,花形优美,不呈螺旋状。

1) K 系列。

●特点:属固定种,中大型花,花茎短、圆瓣,株形紧凑,栽培容易。适合于 15～18 厘米盆栽植,为中生种,在 10 月中旬播种时第二年 11 月开始开花。

●花色:K−1 巴赫浓紫粉,K−2 海顿橘粉,K−3 舒伯特淡紫粉,K−4 施特劳斯正红,K−5 贝多芬浓紫,K−6 肖邦火焰纹橙色,K−7 李斯特白色缀红目,K−8 勃拉姆斯淡紫,K−9 鲍罗丁纯白,K−11 晕粉红,K−16 火焰纹粉红,K−22 晕橙色,K−27 维多利亚白色和红色的复色皱边,K−56 火焰纹紫色,K−66 火焰纹洋红。

2) NP 系列。

●特点:属固定种,大型花,花茎短,叶中型且多,株形紧凑,适合 15～18 厘米盆栽植,为中生种,在 10 月中旬播种,第二年 11 月开始开花。

●花色:TP−1 巴赫浓紫粉,TP−2 海顿橘粉,TP−4 施特劳斯正红,TP−5 贝多芬浓紫,TP−6 肖邦橘色刷毛目,TP−7 李斯特白色缀红目,TP−8 勃拉姆斯淡紫,TP−10 拉威尔纯白。

3) SC 系列。共有 14 种花色。

●特点:属固定种,大型花,花形好,花茎强壮挺拔,适于 15～18 厘米盆栽植,为中生种,在 10 月中旬播种,第二年 11 月底到 12 月开始开花。

●花色:SC−1 巴赫浓紫粉,SC−2 海顿橘粉,SC−3 舒伯特淡紫粉,SC−4 施特劳斯正红,SC−5 贝多芬浓紫,SC−6 肖邦橘色刷毛目,SC−7 李斯特白色缀红目,SC−8 勃拉姆斯淡紫,SC−9 鲍罗丁纯白,SC−10 拉威尔纯白,SC−16 淡紫粉刷毛目,SC−47 洋红镶白边,SC−56 紫色刷毛目,SC−66 胭脂红刷毛目。

4) PT 系列品种。

●特点:属固定种,皱边大花,花形好,适合 15～18 厘米盆栽植,为中晚生种,在 10 月中旬播种时,第二年 11 月底开始开花。

●花色:PT1 粉红,PT2 橙色,PT3 红色,PT5 紫色,PT6 粉红红心,PT7 白花红心,PT8 浅紫,PT9 白色,PT27 白色紫边(胜利女神)。

5) 香花系列。

●特点:固定种,中小型花,花具有香味,开花早,适于 12～16 厘米盆栽植,为早生种,在 10 月中旬播种时,第二年 10 月上旬开始开花。

●花色:香 3 浅粉红色,香 10 深粉红色。

6) MN 系列。

●特点:微型固定种。

●花色:MN1 浓粉红色,MN2 橙色,MN3 粉红,MN4 红色,MN5 浓紫色,MN7 白花红心,MN8 浅紫色,MN9 白色,MN10 浓橙色。

(5)**荷兰先正达公司的仙客来品种** 先正达公司的前身 S&G 公司是在世界上第一个推出仙客来杂交一代种的育种公司。

1)畔娜维斯(Pannevis)系列。该系列为传统的大花系列,花色丰富,现为协奏曲(Concero)系列替代。

2)协奏曲(Concerto)系列。

●特点:花朵大,花形正,生长势强,株形圆整,花集生中央,盆栽一级品率高,是畔娜维斯的替代品种。

●花色:2898 鲜红色,2831 橙红,2835 亮深紫,2881 淡紫色,2895 丁香紫,2894 丁香紫火焰纹,2893 紫红色,2897 粉红,2896 橙红,2836 亮白色,2833 紫色,2892 亮橙红色红心,2891 白色红心,2844 亮玫瑰色,2832 玫红白色,28077 混色,2834 玫瑰粉,2838 深红色,280616 混色,2810 紫色。

3)轮旋曲(Rondo)系列。最新的中等偏大花型的杂交系列,特别适合盆栽市场。适合 10~13 厘米盆栽植。

●花色:2846 亮橙红色带眼,2850 混色,2858 白色,2848 粉红,2853 紫色,2859 红色,2849 深橙红色,2854 橙红色,2880 混色,2855 酒红色。

4)旋律(Canto)系列。

●特点:中花系列,株形圆整,叶小,栽培容易。适合 10~12 厘米盆栽植。

●花色:2771 粉红,2783 白色带眼,2787 洋红,2772 亮淡紫色,2784 白色,2789 紫色,2773 深玫瑰色,2785 带眼橙红,2793 橙红。

5)歌剧(Libretto)系列。微型花系列,适于 6~10 厘米盆栽植。

●花色:2753 洋红色,2758 粉色带眼,2751 白色,2754 亮橙红色,2745 橙红,2746 白色紫心,2747 亮橙红色带眼,2759 洋红,2750 混色,2757 紫色。

在国内,也有一些从事仙客来研究开发的单位,通过对国外优良品种进行改良,推出了一些各有特色的仙客来品种。如天津绿色研究所推出的园科系列、山西推出的银叶系列、浙江森禾种业股份有限公司推出的森禾·天卉系列。

张家口市坝下农业科学研究所花卉中心推广的"塞丰"牌仙客来种子,共有红色系列、粉色系列、紫色系列、白色系列、黄色系列,彩云系列、彩蝶系列共 7 大系列数十个品种。

●红色系列:鲜红、玫红、大红、橙红、杏红、品红。

●粉色系列:深粉、浅粉、桃粉。

●紫色系列:深紫、浅紫、亮紫。

●白色系列:纯白、亮白、紫喉白冠、白色带眼。

● 黄色系列:柠檬黄(淡黄色)。
● 彩云系列:彩云1号、彩云2号、彩云3号。
● 彩蝶系列:彩条、火焰纹品红、火焰纹紫色、紫色刷毛目。

(三)仙客来新品种介绍

　　仙客来的花朵通常都是朝下开放的,有一种小花型的仙客来却十分独特,它们的花朵是朝上开放的。自2012年在荷兰国际园艺博览会上获奖开始,这种株形紧凑花形奇特的小型仙客来屡屡斩获国际大奖。它就是天使(图2-133、图2-134)。这一品种的仙客来十分小巧,非常适合摆放在桌面上,或者置于室内的茶几上进行欣赏。育种人是日本大荣花园仙客来育种家高桥,他为了庆祝第二个儿子诞生为品种取名ange,在法语里是"天使"的意思,包含了育种家满满的爱。

图2-133　天使

图 2 – 134　天使,花朵向上开放

　　精灵系列的小花仙客来(*Cyclamen persicum* 'Fairy') (图 2 – 135 ~ 图 2 – 137),花量巨大,单花盛放时间也相当长。这个品种的仙客来花朵内侧是深粉色,外侧为淡粉色,繁复相叠的花瓣随着花朵的开放会逐渐上升,十分华丽。这个系列是由日本神奈川县的长盘刚培育的。

图 2 - 135 精灵皮克

图 2 - 136 精灵斑比

图2-137 精灵微微

　　近年来比较新奇的紫色系列的仙客来(中花仙客来)由日本的三得利(Suntory)公司(这家公司主打紫色系的花卉)育成。这个系列的品种都比较淡雅,主要有3款重瓣的丁香皱边(2016年推出,图2-138)、芳香蓝(图2-139,2006日本JFS获奖品种),还有维多利亚蓝(图2-144),品种名虽然是以蓝命名,但是花色为绮丽的紫色。其中,维多利亚蓝所属的维多利亚系列的仙客来从100多年前就开始育种了,直至今日还不断推出各种令人着迷的新品种。这个品种的仙客来不仅花色独特而且具有淡雅的香气。

图2-138 丁香皱边

图 2 - 139　芳香蓝

图 2 - 140　维多利亚蓝

图 2 - 141　黄金少女

　　除了紫色品种的仙客来,黄色仙客来品种也很受欢迎。世界上最初的黄色仙客来品种是由日本福冈县的鹿毛哲郎培育出来的。目前流通比较多的两个品种是黄金少女(*Cyclamen persicum* 'Neo Golden Girl')(图 2 - 141)和黄金男孩(*Cyclamen persicum* 'Neo Golden Boy'),它们都有着黄色的花瓣和紫色的唇。

　　风之谷是 2017 年新推出的仙客来新品种,由日本的园艺师培育而成。这个品种的花瓣有绿色边缘,花朵重瓣,花形独特(图 2 - 142~图 2 - 144)。

图 2 - 142　风之谷——盆花

图 2 – 143　风之谷——叶

图 2 – 144　风之谷——叶

　　国内目前栽种品种较多的是来自法国莫莱尔公司的仙客来品种。其中，比较独特的是洛可可系列的中花型仙客来(图2－145)，初开花时呈铃铛状，随着花朵绽放花瓣缓缓展开向上伸，蕾丝版的花瓣十分梦幻。

图 2 - 145　洛可可型

三、形态特征与生物学特性

(一) 形态特征

一个完整的植株通常由球茎、叶、根、花、果实组成。

球茎是整个仙客来植株最为明显的特征,也正因如此仙客来被归入球根花卉之列。仙客来的寿命很长,有的可达几十年之久。通常以种子繁殖,也可分株繁殖。

1. 球茎

球茎是从胚轴发展而来的地下茎,即种子发芽的过程中介于根和茎之间的部分膨大发育而成,是仙客来养分与水分储藏的主要部位(图 3-1)。据测定,球茎中 85% 为水分,而淀粉、蛋白质、糖分占 5.4%。仙客来的球茎不但是储藏器官,更主要的是输导器官,在根与叶之间起着传导养分、水分的作用。

图 3-1 仙客来球茎

球茎的大小和形状差异很大,帕尔夫洛和西西里仙客来的变种球茎最小;地中海仙客来的球茎最大。

普通仙客来的球茎是圆球形的,随着年龄的增长而变成扁平形,在国内也俗称"萝卜海棠"。巴得仙客来、小花仙客来、克里特仙客来、塞浦路斯仙客来、黎巴嫩仙客来等球茎趋向于扁平,希腊仙客来的球茎是近椭圆形的,欧洲仙客来基本是圆形的,但在顶部延伸出躯干或分枝。罗尔夫斯仙客来的球茎则有缺块现象。

球茎的颜色也不一样:塞浦路斯仙客来是淡褐色,地中海仙客来是灰褐色,希腊仙客来是红褐色,而帕尔夫洛仙客来在种苗发育的第一个阶段球茎有鲜明的珠绿色。

一些种的球茎外皮较厚,类似软木栓,如非洲仙客来、塞浦路斯仙客来、地中海仙客来和欧洲仙客来。普通仙客来较老株的球茎外表成为易剥落的片状,尤其是球茎顶部暴露在外生长时,希腊仙客来也有这种特性。小花仙客来、西西里仙客来和特洛霍普仙客来表皮特别薄,在搬运时轻轻一压即可损伤。一些幼龄球茎表面还覆有细毛。球茎常常被覆盖在盆中或地下,它们在非休眠阶段不易见到。

仙客来球茎顶部有生长点,生长点上着生叶和花。幼苗期生长点只有一个,随着生长发育,生长点也变多,一般普通常规种的生长点较少,多为 2~3 个,杂交一代种较多,一般 4~7 个。

仙客来球茎的下部长有粗细两种根。粗根为功能根,起固定支撑作用,在干旱条件下,粗根可收缩,将球茎下拉,使球茎易得到保护。细根为营养根,起吸收水分、养分的作用。根据种的不同,根系从球茎上生出的方式也不一样,根群可以在基部形成,也可以在侧面和顶部形成。非洲仙客来的根通常覆盖球茎的全部表面,而地中海仙客来根系则在上表面和侧面形成,剩下基部是光滑的。欧洲仙客来的根系也会布满球茎表面。

仙客来虽然属于球根花卉,但其球茎与其他球根花卉不同,它不会产生子球。其球茎表面的生长点为短缩的茎轴,叶是丛生状态,看起来好像出自球茎表面。如果将多年生的球茎切成剖面,可以观察到仙客来的生长状态。

2. 叶

叶是仙客来重要的观赏部分之一,也是鉴别仙客来种与品种重要的依据之一。

仙客来胚中只有一个子叶,为单子叶植物。因其第一真叶长在子叶对面,与子叶相似,人们也称其为假单子叶植物。叶片均直接从球茎顶部短缩茎上长出,刚一出现时是向内对折的,随叶片的长大而逐渐张开变平展,叶柄的伸长使叶片伸向外层空间。成熟的叶通常多肉而厚,摸上去有肉质感。其叶型、叶色斑纹变化无穷,具有较高的观赏价值(图 3 – 2)。

图 3 - 2 仙客来叶片

叶色都为绿色,但有的阴暗,有的明亮,有灰绿和白蜡绿色等。小花仙客来的一些种类叶子是暗或亮的绿色,而大多数种的叶子绿色和灰色中有复杂的银白色。如欧洲仙客来的银白色网状图案就非常清晰,而黎巴嫩仙客来边缘上有独特的镶边。

仙客来的叶片也大小不一:帕尔夫洛仙客来和西西里仙客来中的一个变种叶最小,小花仙客来其次,最大的叶是罗尔夫斯仙客来、非洲仙客来、普通仙客来的栽培种。叶的质地也存在差异,非洲仙客来的一些类型叶子厚、坚韧、有角质边缘;波叶仙客来叶薄,暴露在阳光下会很快卷曲;希腊仙客来比普通仙客来叶柔软。叶片可在开花前生长或花叶同现,也可在开花后才长。

事实上叶的外观特征会因发育阶段、季节、气候、基质、肥料等的不同而产生差异。所以在比较种或品种之间的叶片差异时,应当综合考虑这些条件。

3. 花

仙客来的花(图 3 - 3、图 3 - 4)单生,花梗着生于叶腋间,花梗一般长 10 ~ 20 厘米,一些用于切花的品种花梗可长达 25 厘米以上。花萼上裂,环生于花外,多为绿色。花冠基部闭合生成短筒状,内有多枚雄蕊和一枚雌蕊,着生于花冠基部。花药多为黄色,柱头伸出花冠边缘 1.3 毫米。

图3-3　仙客来花

图3-4　仙客来花蕾

仙客来的花在蕾期是向下垂的,花瓣互相包着呈螺旋状,但当花开展时,花瓣紧贴着花梗向后反转,上翻下翘,形成兔耳状,因此又俗称兔耳花。但有的种,如黎巴嫩仙客来,花不扭曲,看上去会显得更大些;特罗霍普仙客来花瓣仅半反转,使花呈风车状。

仙客来花瓣大小、形态依品种有较大差异,在形态上有长瓣、椭圆瓣、波齿瓣等多种形态;在大小上,有的瓣长达7厘米以上,而微型花只有1厘米或不足1厘米。有时仙客来也会长出非常美丽的重瓣花,但这种花往往因为发育不全,缺乏成熟的花药而不能繁殖。

仙客来花瓣的颜色有单色和混色两种,整个花瓣呈一种颜色的为单色花,有两种以上颜色的称混色花。

仙客来开花数量因品种及栽培水平不同而有差异,若养得好,大花型品种开花也能多达百朵。

大多数野生仙客来和一些育出的新品种有较强烈的香味,但仙客来没有蜜腺,香味发自花冠筒壁中的特殊细胞,花冠衰退则香味消失。常见的仙客来花香是一种混合香型。培育具有浓香的仙客来是现代育种者的目标之一。

4. 果实和种子

仙客来的果实(图3-5)为蒴果,一般呈球形,大小依种而异。希腊仙客来和普通仙

图3-5 仙客来果实

客来的果较大,地中海仙客来和非洲仙客来果一般,其他种较小。蒴果的发育需几周或几个月时间。首先花冠脱落,然后花梗卷曲,有时可呈螺旋状,卷曲从花梗头开始。普通仙客来产生果实后花茎不卷曲而是变硬弯向地面。一般认为蒴果弯向地面或花梗卷曲是植物保护和扩散种子的一种方法。花梗弯曲后使蒴果隐藏于叶面下,不易为鸟兽发现;而花梗变硬弯向地面,又可使种子被安置在距球茎一定距离的地方。散布种子的另一种方法是当卷曲的花梗在蒴果成熟前迅速放松,让蒴果轻松地生长裂开。

仙客来发育着的种子是埋藏在白色果肉中的,也是白色的,果实成熟后变成暗褐色,干后,变成不规则形状。每个果实中种子数量差异很大,有的十几粒,有的上百粒(图3-6)。

图3-6 仙客来种子

(二) 环境条件对仙客来生长发育的要求

1. 仙客来的生长习性

如果环境合适,仙客来的球茎可多年生存,寿命可长达数十年。日常栽培可从播种萌发开始到开花结果,也可以从休眠球萌发开始到开花结果。从生长发育习性上分,仙客来从种子萌发到开花大体上可分为萌芽期、幼苗期、花芽分化期、加速生长期和开花期

5个阶段。如果从管理方面分,可分为发芽期、幼苗期、越夏前期、越夏期、越夏后期、开花结果期。

从播种到长成小苗是一个漫长的过程,仙客来比一般植物的发芽过程时间长,一般需一个月时间。

(1)**叶的发育** 仙客来在幼苗阶段生长比较缓慢,在发芽后抽生出1~2片叶时形成主芽,在主芽第一至第五叶的基部产生侧芽,形成分枝,到6~7片叶时由于侧芽开始发育生长,叶数增加,速度加快。随着植株的不断发育,主芽上有花芽形成,而侧芽继续发育即可形成二次侧芽,也可形成花芽。

仙客来的叶片、花芽数量多少,与球茎上侧芽的数量多少有很大关系,在球茎上分生的侧芽多则叶就多,开花也较多。侧芽的生长与品种以及环境条件、生长发育状况的好坏有很大关系。同时采用外源激素如细胞分裂素(6-苄氨基嘌呤)等,可增加侧芽数。

(2)**根的发育** 从种子萌发后的第二周左右下胚轴开始伸长,基部膨大形成小球茎,在球茎上形成根系。第二片叶以后形成的根与初生根不同,称为次生根。地下根的生长与地上叶的发育有一定的对应关系。在叶器官的叶柄分化期主根开始生长,在叶身展开期形成一次侧根,在叶身发展期形成二次侧根。

根的生长发育与基质的孔隙度、通气性、水分状况密切相关。同时增施氮肥,特别是硝态氮,对根系有明显促进作用。

(3)**花的生长发育** 仙客来的花生长于叶腋间。一般当主茎的叶片长到15节位以后,叶腋开始分化花芽,按分化早晚顺序开花。因此侧芽的数量与开花数量成正比,侧芽数量直接影响到花、叶数量及植株大小。

花芽的生长发育与温度关系最大。当环境温度为25℃左右时受夜间温度影响更大。在花芽分化期如遇低温,在花芽生长期遇到高温则从分化到开花的天数增加,相反则缩短。同时,栽培过程中换盆的早晚、根际营养、光合作用强度、发育状况等都可影响到花期。

从花芽开始分化到开花,生长顺利的情况下需110天,从形态上可分为花柄分化期、萼片形成期、花瓣分化期及开花期。花的发育与叶的分化发展相对应,从花芽形成到开花与生长环境的温度、光照条件、外源激素的影响关系明显。当花芽分化形成花蕾后,即可用肉眼观察到叶丛中出现白色的小花蕾,如条件适合,花枝会顶着花蕾从叶丛中长出,如外界条件不适合则处于半休眠状况(如遇高温等)。

(4)**结果** 仙客来在自然条件下的授粉方式以虫媒为主,其次是风媒。仙客来的子房为上位子房,内有多个胚珠,因此可产生多粒种子。仙客来主要以异花授粉方式繁衍后代,自花授粉也可结实,但会使种子退化。

2. 环境条件对仙客来生长的影响

(1)**温度对仙客来生长的影响** 仙客来原产于非洲、希腊各岛、土耳其、以色列、塞浦路斯等地中海沿岸国家,以及法国南部、意大利等地,这些地方大部分属于海洋性气候,冬季温暖多雨潮湿,夏季高温少雨干燥,冬季气温在10℃左右,很少降到0℃,而夏季7月、8月平均气温在27℃左右。被公认为仙客来原种宝库的土耳其安哥拉地区年平均气温11.7℃,8月最高为22.8℃,最低的1月为−0.3℃。年降水量345毫米。在荷兰、德国、英国等地夏季气温为10～20℃,空气相对湿度为75%,非常适于仙客来的周年生长,如此适宜的气候使那里成为仙客来的栽培中心。

从上述地区的环境可以看出,仙客来最适宜的生长温度为白天20℃左右,夜间需保持在10℃以上。在幼苗期(10片叶以下)要求的温度为18℃,温度较低利于根系的发育和碳水化合物的积累。但温度过低也会造成生长发育迟缓,侧芽数量不足。因此夜间温度应在10℃以上。成苗期(30片叶左右)温度可提到20～22℃,而花柄伸长期至开花期的适宜温度为16～17℃。开花期低温可以使花期延长,开出的花朵更鲜艳苗壮。

仙客来发芽期的最适温度为18℃,温度过高会导致发芽率降低,而已发芽的种子可重新进入休眠,最终导致出苗不齐,苗的质量下降,影响以后的生长发育。总的来讲,仙客来是较耐低温的花卉品种,对高温非常敏感。

在发芽阶段,高温导致出苗不整齐,苗质量下降,在生长阶段则叶片停止生长,诱导进入休眠。在实际栽培中,如果夏季夜间温度长时间高于25℃,仙客来的生长发育即会停止,并且会对以后的生长发育产生不利影响,植株衰弱,容易感病死亡。在实际栽培中,利用夏季冷凉地区易地栽培,在不增加成本的情况下更容易生产出高品质的仙客来盆花。在当今交通越来越发达的条件下,利用冷凉气候资源远距离生产仙客来的实用性越来越大。

仙客来虽然是耐低温性的花卉品种,但对低温的忍耐能力也是有限的,低于生长所需温度易造成生长发育的生理障碍。

大花仙客来夜间最低温度如果保持10～12℃以上,可正常开花达200朵;在7～8℃开花就要推迟,整个花期最多只能开出100朵左右;5～6℃时,一般难以开花,在此温度下中小型花品种还可以开花。夜间温度以10℃以上为佳,夜温过高,会使呼吸消耗增加。试验表明,夜间温度25℃仙客来的日消耗大于积累,从而停止生长发育,这种情况在北方比较普遍,由于冬季室内温度高,购回家中的仙客来的观赏期被人为缩短。

仙客来的生长发育也需要一定的昼夜温差,以10℃为最理想。温差达15℃时可生育,但开花不良,温差达20℃以上时植株不能正常生长。

为了研究温度与生长的关系,人们对呼吸强度与温度的关系进行了研究。通过研究发现,仙客来在一天当中叶片温度随环境温度及光照强度而变化,叶温的变化直接影响叶片呼吸强度。仙客来叶片呼吸强度随温度升高而加强,到32℃时达最大值,以后随温度的升高而下降。温度升高10℃,呼吸强度升高5～6倍。

(2)**湿度对仙客来生长发育的影响**　通常分为环境中空气的湿度和盆土的水分状况

两个方面。

在仙客来的原产地,如土耳其的安哥拉地区,8月的最高气温只有22.8℃,年降水量345毫米。仙客来夏季休眠,秋天低温降雨后再度开始生长,由于夏季少雨,空气相对湿度只有45%左右,因此,湿度低也是导致其越夏休眠的重要原因。

空气相对湿度65%～85%,仙客来生长状态良好。在长期处于相对湿度小于65%的环境条件下,则生长缓慢,花芽分化停滞。这时叶片逐渐变黄,相继干枯,生长受到影响。如正值花期,空气相对湿度过低,特别在北方冬季室内取暖条件下,必定会使植株体内水分蒸发加大,往往会造成叶群中部花蕾干枯变黑,整个花期缩短。环境相对湿度高于85%,会抑制植株的蒸腾作用,使叶内水分生理失调,同时易得软腐病和炭疽病。

仙客来盆土湿度受基质的物理状况影响。盆土黏重时,孔隙度小,湿度较大,不利于根系生长,当基质疏松透气时利于根系生长。因此,栽培仙客来宜选用透气好的盆土。在仙客来的日常管理中,要等盆土干时再浇水,不可使球茎长期处于水浸状态。一般夏季可每隔2～3天浇1次水,而秋天可隔5天浇1次水。

(3)光照强度对仙客来生长发育的影响 俗话说万物生长靠太阳,阳光的照射是植物生长必不可少的条件。但由于仙客来野生于地中海沿岸山区的灌木丛中或森林中的腐叶土上,形成了既喜光却又不耐阳光直射的生活习性。因此,在炎热的夏季,由于气温高,光照强,应注意遮阴。对于不同地区光照强度的差异,以及不同品种对光照的需求,一般选用50%～90%的遮阳网进行遮光。

在仙客来的发芽阶段不需要光照,即全暗的环境,否则影响发芽率。以后随小苗的生长可逐渐提高,但不可一下进入强光环境。幼苗期一般以1.5万～2万勒克斯为好,越夏期以3万～4万勒克斯为好。

仙客来属于中日照植物,对光周期没有特殊要求。在自然光照下,只要温度合适,达到一定叶龄以后(一般8～10片叶)可以周年开花。但在苗期和花芽分化期,适当延长光照时间,提供适宜的光照强度,将会使仙客来植株积累更多的光合产物,使生长速度、开花数量和质量都得到明显的提高。

光照在不同时期对植株的影响也不相同。在幼苗期,主要影响植株的生长量;在成苗期,主要影响叶的数量和叶的分布;在成花期对花瓣的大小与颜色有影响。

仙客来不同品种对光照要求也不尽相同。一般日本的四倍体品种本身生长量较大,光照应强些,中小花型品种光照应强些,而杂交一代种(欧美来源)的光照应弱些(在张家口地区一般用75%的遮光网)。

光照对仙客来生长的影响主要是通过影响叶片光合作用而调控其生长发育的。同时,光照与温度、湿度密切相关,应协调一致才能取得较好的效果。

在越夏期以后,植株达到一定冠径(一般30厘米)后,要注意加强植株中心部分的光照,以利于幼叶、花芽发育。

通过分析温度、湿度、光照强度对仙客来生长的影响，可以看出，要生产优质的仙客来，首先应有一个良好的生长环境，或为其创造一个适宜的环境条件。通常适宜仙客来生长的环境条件为，温度15~25℃，空气相对湿度65%~85%，光照强度2.5万~4.5万勒克斯。

（4）营养对仙客来生长发育的影响

1）仙客来的需肥特性。仙客来植株总含水量为70%~90%，其中叶片含水量为80%，根系含水量75%，其余为干物质。研究表明，一般一盆仙客来需要吸收的养分是氮1克、磷0.3克、钾2克、钙1克、镁0.4克左右。

仙客来对各种元素的吸收很独特，钾的含量高于一般植物，尤其是苗期对钾的吸收增加很多，叶片含钾量是花期的2~3倍。锌含量偏低。

叶片分析的结果受多种因素影响，但仍能从整体上反映出仙客来吸收养分的特殊性及需肥性。

2）3种主要营养物质的作用。仙客来从种子萌动到叶片展开后才开始吸收基质养分，之前主要靠种子自身养分。下面简单介绍氮、磷、钾在生长发育过程中的作用。

●氮：是构成植物体组成中氨基酸、蛋白质、辅酶、核酸的主要成分。在仙客来生长过程中氮主要用于培养叶，因此在生育初期及旺盛生长期需要氮最多。氮肥的多少主要影响植株的侧芽、叶数、冠径的大小。氮素在整个生长期呈缓慢增长趋势，进入10月增长加速。

苗期缺氮，植株生长发育停滞，植株矮小，叶片及新芽数减少，叶柄纤细，叶片较小。如果在生长过程中氮过量，易形成徒长，表现总体营养缺乏，球茎小，其叶纵径大于横径；相反，如果氮素过少，则生育停滞，球茎肥大，造成生长发育失衡。

仙客来适宜氮素形态比是硝态氮∶铵态氮为3∶1。在硝态氮比率高的情况下叶片的长、宽等都增大，生育旺盛，如果铵态氮比率高，则叶易成为小叶，抑制生长发育。铵态氮也可以使仙客来生育旺盛。因此，氮有促进仙客来生长发育的作用。

●磷：存在于植物细胞的原生质与细胞核中，是构成核蛋白不可缺少的元素之一，是构成细胞中核酸的主要成分。磷在仙客来整个生长季节增长幅度较大，越接近花期，叶中磷的含量越高。磷对芽的分化起着重要的作用，如果缺磷，则严重影响芽的形成及叶数的增加。随着花芽分化、花蕾形成，需磷量显著增加。

●钾：是构成细胞壁的成分，也是参与光合作用的主要成分之一。对植物体中碳水化合物的合成、转移与储存及蛋白质的合成有一定促进作用。所以在地下器官储存大量酶的球根类植物，对钾的需要量很大，钾的需求从植株萌发开始到花期一直呈上升趋势，而球茎和根中的钾在9月以前随着月份呈上升状态，9月以后保持平衡。

3）不同阶段采用的肥料配比与浓度。在传统的栽培过程中，大量使用有机肥做基质，即使基质疏松透气，还能提供养分。但是有机肥在施肥过程中不易根据仙客来生长阶段的特殊要求进行成分调控,不能满足仙客来对特殊元素的需求,对大规模生产栽培有不利影响,一致性差,逐渐被化学肥料所代替。化学肥料养分单一,便于储藏运输,易溶于水,清洁卫生,肥效快,而且便于氮、磷、钾的调配控制。

常见的氮肥有碳酸氢铵、硫酸铵等铵态氮肥,硝酸钾等含有硝酸根的硝态氮肥,尿素中的氮为尿素态氮。

磷、钾肥有磷酸二氢钾、普通磷肥、钙镁磷肥、硝酸钾、氯化钾等。

在生长发育的初级阶段氮、磷、钾的配比为1∶1∶2;在8月中旬后氮、磷、钾为1∶2∶2,保持开花所需的元素;在花期氮、磷、钾配比为1∶1∶1。氮、磷、钾的配比依植株的具体长势进行调控。

在苗期施肥浓度一般为100~200毫克/千克逐渐到500毫克/千克;在越夏期宜低不宜高,可采用少量多次的方法;到越夏后期逐渐从500毫克/千克到1 000~1 200毫克/千克。施肥原则是少量多次,宜淡不宜浓。根据各品种的适应性及生长发育速度随时调节施肥浓度与次数。

4)常用的进口肥料。进口肥料已调配氮磷钾比例并含有微量元素,常用的有加拿大产的卉友及美国产的花多多,常见的配比为15∶15∶30、15∶10∶30、20∶20∶20、7∶11∶27等几种。进口肥料的特点为肥效稳定,溶解性好,特别适宜滴灌等。

5)营养诊断。

●氮:植株缺氮肥,先从老叶开始出现叶片失绿,叶薄,叶小,球茎肥大。氮肥过量时表现为球茎小,叶纵径大于横径,植株易徒长。

●磷:植株缺磷,会导致根系和茎顶端生长减缓,生长受到抑制,植株非常矮小。叶片变成深绿色,没有光泽,严重时叶片变紫。

●钾:缺钾时,下部叶片或老叶的边缘黄化或失绿,但叶脉仍呈绿色,整个叶片上出现斑点,叶皱卷曲,最后焦枯。抗病性弱,花梗比正常的要短。

●钙:缺钙时,顶端生长不正常,甚至坏死。新生叶缺绿,幼叶边缘出现可见的棕色(或褐色)条纹,叶片和花梗下折。根短而多,呈灰黄色,球茎内部呈透明状(玻璃状),部分导管变褐。

●镁:缺镁时会引起失绿症,但叶脉仍呈绿色,老叶部分先开始变褐枯死,然后逐渐延伸至新叶,边叶变厚,不规则卷曲。花蕾小而干,花梗短,靠近基部变粗。

●铁:缺铁首先在叶脉间的部分变成黄色或淡黄色甚至白色,边叶先受影响(黄化)。

●锰:缺锰时在已发育完全的幼叶上出现条斑。

●硼:缺硼时新叶变厚并且呈不规则卷曲状,花蕾很小并且干。

(5)**水对仙客来生长发育的影响**　浇水是仙客来日常管理中最费工但又是最重要的工作,水管理的好坏,对仙客来生长发育及品质影响很大。

1)水质:仙客来对水质要求不是特别严格,最好用雨水。在水中富含钙、镁时,叶面应少喷水,防止钙、镁在叶面上沉积,形成白色盐分污染。适宜的水 pH 6.0 ~ 7.0,宜酸不宜碱。家庭养护的时候,可以将自来水提前接在一个储水罐里,使自来水中的氯气去除,并且保证水温和花盆中的土壤温度一致。

2)浇水量与浇水时间:水是仙客来重要的组成物质,一般占鲜重的 85% 以上。同时营养的吸收、转运、蒸腾、光合等许多生命活动要靠水来完成,盆内水分影响着根系的发育状况。

一旦仙客来出现萎蔫,特别是在炎热的夏季,在 24 ~ 36 小时内,下部叶片就会变黄,同时光线较强时易发生叶灼。长时间的缺水会抑制根系的生长,降低根系的吸收面积和吸收能力。

3)如何判断仙客来是否需要浇水:在一般条件下,仙客来是否需要浇水需要有一定的经验才能掌握。这就是人们常说的"栽花容易浇水难"的道理,一般可以通过下列观察来判断:

观察叶片和盆土表面。在水分合适状况下叶片较鲜亮挺拔,手摸触感比较硬挺;缺水时发灰暗,手摸触感比较绵软,如果此时还不浇水则叶片就会下垂。盆土在水多时色较深,缺水时表面发白,浇水后变深。如缺水时间多,则盆土表面与盆壁形成裂纹,如果用瓦盆栽培时盆壁灰白色。

此外,还可以用手掂一下花盆的分量。如果经常浇水,是可以感觉出来不同的。方法是,用手拿起整个盆,在水分充足时盆感觉较重;缺水时则较轻。

如果栽种的花盆是瓦盆时,还可以轻击盆壁,缺水时敲击声较响脆,浇水后侧声闷实。

在一天当中,浇水的时间以早晨为最好,可以保证一天当中消耗水的时候植株都有充足的水分供应。另外,早上浇水叶面水分很快干燥,使病菌的繁殖受到抑制。而在中午或下午浇水,由于盆土温度高,浇水后根系温度急剧降低,使根系代谢失调,反而抑制了其吸收水分的能力,植株会出现生理性干旱,使地上部分出现缺水状态。

4)影响浇水次数的因素。

●基质:浇水的次数与栽培用的基质密切相关。基质保水性强,浇水次数少;基质透气性好,保水性差,浇水次数多。

●栽培容器:塑料盆具有轻便、美观、干净、便于运输等特性,但其透气性较差,浇水次数少;而泥瓦盆水分蒸发快,浇水次数多。

●环境条件:在温室中,如果通风不好,温度低,湿度大,蒸发量就小,基质会经常保持在高温状态,浇水次数明显减少;在天气干燥,通风良好,蒸发量较大的条件下,浇水量明显增加。例如,冬季将盆花放在有暖气的窗台上,空气流通量大,水分蒸发快,就要注意勤浇水。

5）浇水方法。

●人工浇水。这是最常用的浇水方法。好处是人可根据植株生长发育状态和环境条件变化适时浇水，使根系处于最佳的水分状态。缺点是比较费工，一般在正常管理时，夏季要用一半时间进行浇水。

此外，人工浇水应注意以下问题：

首先，无论何时浇水都一定要注意给盆土轻轻地浇水，不能将水浇到球茎顶部和叶片上，否则，容易使球茎长期处于高湿状态而发生葡萄孢霉菌病、细菌性软腐病等病害。所以浇水时应用一只手拨开叶片，确认球茎的位置后，进行浇水。

对小苗及刚刚定植的植株要浇小水，并加装细眼喷头，不要将盆中基质冲起，将球茎冲倒。第一次水一定要浇透，不能浇半截水，应浇到水从盆底渗出为好。但是浇水后托盘里任其积水的话，盆土的水分会变得过多，容易发生腐烂，所以应当及时将托盘中多余的水分倒出去。

在开花后，不能将水浇到花上，更不可喷水，应将叶拨开浇水（图3－7）。

图3－7　仙客来的浇水方法

●滴灌。是大规模生产应用较多的灌溉方式之一，优点是省水、省时、省人工。一般用滴头将水滴入盆内。一般在上定植盆后即可用滴灌。用滴灌时，要经常检查，防止堵塞漏浇，保证每一盆都浇好水。此外，在滴灌时可把肥料、灌根农药一起施入。

●底部给水。水是利用盆土的毛细管吸水作用从栽培盆底浇水的方法，在国外特别是日本应用较多，国内较少见。

此外，在冬季浇水时，一定要用适宜水温的水，在上午 10 ~ 12 点温暖的时间进行。如果特别寒冷的日子，可以在储水罐里加少量的开水，浇灌温水（水温 15 ~ 20℃）。其他时间浇水也要求是早晨浇水，这样可以确保植株一天的需水量，而且不小心浇到叶片的水分也容易蒸发而不至于引起各种病害。如果晚上浇水，植株经过一整天的阳光照射，盆土温度都较高，这时浇水植株根系不容易吸水，反而容易引发各种不适问题。

四、仙客来的繁殖

仙客来的繁殖方式有 3 种,主要是实生种子播种繁殖,其次是分割球茎的方法进行繁殖,还可以采用组织培养的方式进行繁殖。

（一）种子繁殖

这是目前繁殖仙客来的一种最主要的途径。1～2 月是中小花品种播种的适宜时期,9～10 月是大花品种类播种的主要时期。

1. 种子准备

准备前一年 1～2 月杂交、3～4 月采种而储藏的种子或者市场上出售的种子。购买的种子如果保存在冷凉黑暗的地方,1 月就可以播种。

仙客来种子较大,每克约 100 粒,种子的发芽率为 85%～95%,自然播种的种子常发芽迟缓,出苗也不齐。为促进种子尽快发芽,通常在播种前浸种催芽。首先用冷水浸种 24 小时或用 30℃ 温水浸泡 2～3 小时,然后浸入苯菌灵溶液中 30 分进行消毒,最后将种子表面的黏着物清洗干净,包于湿布中催芽(温度维持在 25℃)1～2 天,种子稍微萌动即可取出播种。

2. 播种容器

采用 4～6 号的塑料半高盆(高度为直径的 1/2 的盆)或深度为 7 厘米的育苗盘。容器要使用消过毒的。

3. 播种土

仙客来性喜疏松透气、肥沃且排水透气良好、富含腐殖质的沙质壤土。播种繁殖用土可用腐叶土、壤土、河沙等量混合或腐叶土 3 份、砻糠灰 1 份、黄泥 1 份混合作为基质。播种土的层厚为 4～5 厘米。容器较深的时候,下面加入球形土(中大颗粒的红土)加以调节。

4. 播种方法

播种繁殖仙客来时,种子间距以 1.5～2 厘米稀疏播种为宜。播完后用与播种土相同的土覆盖种子约5毫米厚。然后,用木板或手掌将土轻轻压实,并要用细孔喷壶轻轻地充分浇水。为了防止土表干燥,留出与育苗盘(育苗盆)1厘米左右的空间盖上玻璃板,在玻璃板上覆盖旧报纸或黑布(图4-1~图4-4)。

图4-1　育苗盘里装上基质,用手铺平

图4-2　向铺平的基质中点入种子

图4-3 播种后覆盖薄膜

图4-4 覆膜并放温湿度计监测环境条件

5. 播种后到出全芽的管理

一般草花的种子,播后 3～7 天时间芽可出齐。但仙客来从播种到发芽需要 30～40 天,而且发芽不一致,所以管理很重要。播种后保持苗盆内温度 18～22℃,30～40 天可陆续发芽出苗。出苗后分步除去玻璃板、旧报纸,置于无直射阳光的明亮室内,使花苗幼株逐步见光。此外,25℃高温会抑制发芽,要尽力保持发芽适温。

在此期间,水分方面要控制好,盆土绝不能干。但浇水过多又成为发病的原因,只是土表开始干燥,就需要用喷雾器喷水。从种子萌发到芽出全都不需要施肥。

6. 第一次移栽

当花苗幼株长到 2～3 片真叶时,移栽于小营养钵内。只有 1 片真叶的不耐寒小苗要处理掉。移栽时一定注意不能伤害到小球茎,用镊子、筷子、叉子等带原土挖取小苗,栽植深度为球茎的 1/2～2/3。基质同播种土,只是每千克基质中混用 3 克化肥(氮:磷:钾=8:8:8),施肥时注意避免肥水沾染到幼苗叶面。施肥后最好喷一些清水,保持叶片清洁(图 4-5～图 4-8)。

图 4-5 仙客来小苗带土取出

图4-6　盆内铺上基质,将仙客来小苗放入

图4-7　上盆完成

图 4 - 8 仙客来第一次移栽后整体图示

7. 第二次移栽(上盆)

当小苗长至 6～8 片真叶时,可进行第二次移栽,定植于大一号的盆中。基质为 4 份红土(小粒)、4 份腐叶土(过 5 毫米孔径的筛)、2 份干牛粪的混合土,加入 10% 的硅酸白土。作为基肥,1 千克基质中混入 3 克迟效性化肥(氮:磷:钾 =6:40:6)。用泥炭土代替腐叶土时,红土的量要稍多一点,还需要调整盆土 pH,或每 1 千克泥炭土中加入 3 克石灰进行调整。

为了减少上盆时的栽植损伤,育苗床要在栽植的前一天或再前一天充分浇水。苗要从育苗床的底部拿起来,取出根土尽量不掉落时,栽于盆中。淘汰生长不良的苗,只用优良的苗上盆,球根一定要露出土表 1/3～1/2 栽植(图 4 - 9)。

上盆后要充分浇水,浇水时注意不淋湿球根和叶片。2～3 天内放置在没有直射阳光的明亮室内,其后再在向阳的室内进行管理。

从移栽、上盆 2 周后开始,一个月施 2 次 1 000 倍的液肥(氮:磷:钾 =6.5:6:19)。此外一定要注意室内的温度变化,尤其是夜间的低温一定要保证不低于 10℃。高温可使植株徒长,低温则导致生长停止。表土发白、变干就充分浇水。

仙客来从播种到开花需 13～15 个月,时间比较长,所以如果是家庭需要的话,建议

图 4 - 9　仙客来第二次移栽后整体图示

直接购买有信誉的花商出售的盆花,可省去很多麻烦。

(二) 无性繁殖

分割块茎繁殖的繁殖系数小,株形差又易腐烂,现已不经常采用。

在仙客来原盆内,将块茎上部切除,然后做纵切分割,使之形成再生苗。切除上部后不久便能从切离的部分生出不定芽而形成再生植株,可从一个块茎获得多个再生植株进行繁殖。

具体做法是选择生长健壮、充实肥大的仙客来块茎,在花期之后 1 ~ 2 个月进行分割(适期为 5 ~ 6 月)。

首先,调节养殖盆内土壤湿度。因为在正常养殖条件下进行分割,切口会不断分泌汁液,妨碍不定芽的形成,而且容易腐烂。所以首先必须降低土壤湿度,以抑制汁液流出。当用手触叶稍有柔软感时即为适宜的土壤湿度。

第二步,进行分割。先将块茎上部切除,厚度约为块茎的1/3,然后做放射状(多用于块茎直径 4 厘米以下植株)或棋盘状(直径 4.5 厘米以上植株)纵切,深度以不伤及根部为度。若使用棋盘状切割,间隔为 1 厘米,这样直径为 6 厘米的块茎可切割成 27 块。

第三步,熟化和不定芽形成。分割后立即用塑料薄膜将盆罩好,置于 30℃ 高温下进行熟化处理,到伤口形成皱皮即可停止,大约需要 12 天。然后使温度降至 2℃,促使不定芽形成,需要 3～4 周。这期间的管理要点是保持分割时的土壤湿度,每隔 2～3 天补足失去的水分重量。分割后 70～80 天,各切块形成不定芽,再降低温度,使最低温度为 15℃,逐渐使之适应环境。土壤湿度自不定芽开始形成(约分割后 5 周),逐次增加给水量,促进根系发育,并每周追施稀薄液肥 1 次。

第四步,上盆。分割约 100 天后,基本形成再生植株,便可移栽上盆;也可继续培养 100 天,待植株生长健壮时再上盆。通常分割后 11～14 个月开花。

(三)组织培养繁殖

组织培养是繁殖仙客来的一种新技术,由于对操作环境的要求比较高,主要在一些以研发为主的单位或公司进行。

仙客来快速组织培养繁殖可采用花蕊、块茎、花叶、幼茎等作为外植体,一般从 1～2 年生的仙客来幼株上采集。其中,以块茎作为外植体最易诱导产生花苗幼株。

以块茎为外植体,可选用 MS 培养基。以 MS＋3 毫克/升 6－苄氨基嘌呤＋1 毫克/升萘乙酸为诱导培育养护基;以 1/2 MS＋0.3 毫克/升萘乙酸为生根培养基;以 MS＋3 毫克/升 6－苄氨基嘌呤＋0.4 毫克/升萘乙酸为继代培养基。

组织培养具有较高的技术要求,繁殖时应确定适宜的外植体采集时期、采集部位,筛选最适宜的培养基配方。快速繁殖过程中,各步骤应严格按照操作规程来进行,要严格防止病苗及弱苗的产生。组织培养繁殖对于那些市场销路好的新优种类的迅速推广无疑有着强大的优越性。

五、设施栽培技术

（一）仙客来的设施栽培与家庭栽培的关系

由于仙客来对温度、湿度、光照等环境条件的要求都相对较高，所以，为了使出身异国他乡的仙客来能正常生长，开出飘然若仙、优美多姿的花朵，必须采用一定的设施来提供合适的生长环境。而一般家庭很难提供相应设施，因此，需要将仙客来放在一定的设施条件下进行先期培养，待到其营养生长积累到一定阶段、即将开花时，再在市面上出售。

当然，如果是有经验或有兴趣的养花人，也可以模仿设施栽培中的各种条件，创造一个家庭式的栽培设施，同样能栽培出美丽的仙客来。事实上，现在网络上已经有不少公司推出了家庭式的栽培设施（连架带盆，还有一个塑料膜外罩），大小不一，如果有感兴趣的爱花之人，在家庭条件允许的情况下，不妨一试。这样不仅可以了解仙客来栽培的全过程，也可以丰富自己的栽培经验，可谓其乐无穷！

但是大多数养花人还是偏向于购买成株的鲜花来装饰自己的居室或办公室，更有许多商业会所，对各种花卉的需求量都非常之大。因此，各类花卉的设施栽培都是时下非常盛行的产业，仙客来也不例外。

（二）仙客来的设施栽培

1. 简易荫棚

简易荫棚（图5－1）：①采用薄壁铁管为骨架结构，顶为拱形面，顶和侧面覆塑料薄膜、遮阳网，也可直接覆盖遮阳网。②在两桩之间架铁丝接线，上盖遮阳网，栽培床上架竹拱盖塑料薄膜，以备雨天防雨。

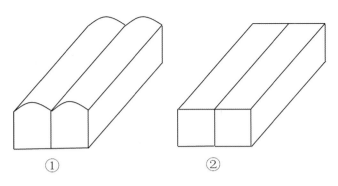

图 5 – 1　简易荫棚示意图

这种设施较简陋,投资少,适合环境温度、湿度较好的地区。北方的越夏栽培也可以采用这种设施。

2. 智能化温室

智能化温室是从国外引进的栽培设施,是现代工业新材料与新技术相结合的产物,能为植物创造一个适宜的人工气候,结合计算机技术的应用可以实现管理的远程调控和自动化。在欧美等发达国家,特别是荷兰,广泛使用(图5 – 2)。近些年,我国已有很多温室建造公司在引进的基础上进行改造,使这种智能化温室更适合我国国情,同时建造成本也大幅度下降。

图 5 – 2　仙客来智能化温室生产(荷兰)

温室外观漂亮,内部空间大,便于室内操作,由于创造了适宜的环境条件,为生产优质产品打下了基础。

温室为钢骨架结构,以玻璃、塑料薄膜、聚碳酸酯(PC)板为覆盖材料。有天窗、侧窗、风机等通风设施,水帘、内外遮阳网、微雾等降温设施。采用燃煤或燃油方法进行加温,对温度、湿度、光照等敏感因子都能进行调控。

这类温室一般投入较高(每平方米约400元)、能耗高(夏季降温、冬季加温)、对管理水平要求高(否则难以产出高质量产品)、维持费用高,但它是未来的发展方向和趋势。

3. 日光温室

日光温室(图5-3)是较适合我国国情,值得推广的栽培设施。它具有投资少、能耗低、建设快、便于管理及维护等优点,一般在北方能满足仙客来生产的要求。无条件的可采用土墙为外墙,以竹片为骨架,用草帘保温;有条件的可采用钢管骨架,砖、水泥后墙,配锅炉、热风机等加热系统,以及卷帘机、保温被、水帘、风机等现代园艺设施。

图5-3 日光温室仙客来生产

常见的日光温室分为有后坡的半开放式结构和无后坡的全开放式结构。全开放式夏季通风,光照好,降温效果好,但不利于冬季保温。冬季与半开放式结构相差2~4℃。半开放式在夏季通风、光照、降温方面不及全开放式,但冬季保温性能好,投资比全开放式多20%~30%。较暖地区(石家庄以南地区)适宜选用全开放式,北京以北地区可选用半开放式。在建造日光温室时既要考虑冬季充分利用太阳能增温,又要考虑夏季温室的通风、降温。

(三) 生产技术规程

1. 播种育苗

(1) 播种前准备

1)播种容器。宜选用57厘米×22厘米×5厘米塑料育苗盘或128孔的穴盘。播种前5天应将容器浸泡在0.1%高锰酸钾溶液中消毒30分。

2)育苗区。播种前就对地面、台面、墙面等育苗区进行消毒。

3)基质配制。选用颗粒≤0.5厘米的草炭,消毒后,按体积比草炭:蛭石(或珍珠岩)=7:3的比例混合。1立方米混合基质加入硝酸钾100克,过磷酸钙300克,氮、磷、钾等量复合肥300克,对水搅拌均匀,控制基质含水量40%~50%、pH 6.2~6.5、EC 0.5~0.7(EC即基质中的可溶性离子浓度,单位为毫西/厘米,后文同),装袋密封备用。以其他材料为播种基质的应先进行试验,合格后方可使用。

4)种子选择。应选择当年采收的饱满、无霉变的种子。种子千粒重应达标(大花型品种≥11克,中花型品种≥9克,微型品种≥7克)。播种前40天应随机取样做种子发芽试验,发芽率达到85%以上方可使用。

5)种子处理。播种前应进行种子处理。在播种前一天将种子浸泡在500倍的多菌灵溶液中5分,取出后置于40℃水中,自然冷却浸种24小时。使用包衣种子可直接播种。

(2)*播种*

1)播种时间。宜在10月下旬至12月下旬进行。其他时间成花可在目的花期前12~14个月进行。

2)基质填装。基质填装应在播种前一天进行。使用穴盘播种的可直接填装基质,刮平浸盘备用。使用育苗盘的应在育苗盘底部铺垫一层塑料纱网或遮阳网,网上铺1~1.5厘米细炉渣或草炭,再把消毒后的播种基质填入盘内,刮平,轻镇压,置入净水槽中浸透,取出备用。机械播种按其操作程序运行。

3)播种。穴盘育苗每穴点播1粒种子,播种后覆盖0.3厘米厚的基质;育苗盘播种宜按2.3厘米×2.3厘米点播,播后覆盖0.3厘米厚的基质,刮平,轻压,做好标记。苗盘应整齐码放在黑暗处培养至80%种子发芽。机械播种应避免无籽空播。

4)环境条件控制。育苗区温度控制在20~22℃,相对湿度控制在90%~95%。

5)养护管理。①应采用净水浸灌育苗盘(穴),或喷水,第15天应喷洒一次广谱性杀菌剂。②种子霉烂发生面积在5%以下且集中时,应把霉烂种子连同周围基质挖出,用拌有土壤杀菌剂的基质回填入空穴内。发生面积在10%以上且分散时,应把基质和种子全部取出,集中销毁,严格消毒,防止二次污染。

(3)*出苗期*

1)环境条件控制。温度控制在18~22℃,相对湿度控制在70%~85%。随着小苗生长,光照强度从800勒克斯逐渐增加到5 000勒克斯。

2)养护管理。①基质pH控制在6.2~6.5,EC控制在0.5~0.8。每隔10天应喷洒一次广谱性杀菌剂。②种苗出土后,如子叶不舒展,应降低光照强度,增加空气湿度;及时清除基质上苔藓;用石灰乳剂调整pH,使其恢复到6.2~6.5;加强通风,用灭菌烟雾剂熏蒸温室。

3)出苗期检验。①检验时间:播种后45~55天。②检验指标:出苗率≥85%。

(4)*幼苗期*

1)环境条件控制。温度控制在15~25℃,相对湿度控制在75%~85%,光照强度控制在15 000~25 000勒克斯。适时通风,保持室内清洁。

2)养护管理。①基质pH控制在6.5左右,EC控制在1~1.2。小苗出齐并展叶的

15 天后即可施肥,根据生长情况及 EC 的变化逐渐调整浓度。初期每 10 ~ 15 天施肥一次(N:P:K = 15:10:15),浓度为 0.06% ~ 0.1%。肥料随水施用,要定期监测基质的 EC,如 EC > 1.2,停止施肥。每周喷洒一次广谱性杀菌剂,宜交替使用不同种类杀菌剂。②当幼苗根颈处出现黑斑导致倒伏枯萎时,应及时连同周边基质挖出集中销毁,并用拌有土壤杀菌剂的基质回填空穴内,随即喷洒杀菌剂消毒。当病株率达 5% 以上时,应将病株与基质全部清除,集中销毁,严格消毒,防止二次污染。

3)幼苗期检验。①检验时间:播种后 80 ~ 90 天。②检验指标:基质洁净无苔藓等污染,幼苗健壮,无病虫害。幼苗整齐一致,叶片平整,叶片 2 ~ 3 枚。

2. 盆苗培育

(1)前期准备

1)容器。容器宜用直径 8 厘米纸钵、直径 8 ~ 10 厘米营养钵或塑料盆。容器应提前 30 天购入,置于通风遮阳处保存,散去气味。

2)温室。使用前 10 天应清除室内杂物,对地面、台面、墙面等区域进行消毒。

3)基质。选用颗粒≤1 厘米的草炭,消毒后,按体积比草炭:蛭石:珍珠岩 = 6:3:1 的比例混合,1 立方米拌入等量的全元复合肥 500 克、硝酸钾 200 克、过磷酸钙 300 克、代森锰锌粉剂 10 克,对水搅拌均匀,控制基质含水量 40% ~ 50%、pH 6 ~ 6.5、EC 0.8 ~ 1.2,装袋密封备用。

(2)幼苗移栽

起出幼苗,保留幼苗根系附着的基质,避免伤根。把幼苗移入相应容器中,填入基质至盆上沿 0.5 ~ 1 厘米处,轻压。浇透水后,应使幼苗 1/3 的球茎露出。

(3)盆苗培育期

1)环境条件控制。温度控制在 15 ~ 28℃,白天 20 ~ 25℃,夜间 18 ~ 22℃;相对湿度控制在 60% ~ 80%;刚移栽的盆苗应遮阳 7 ~ 10 天,光照强度控制在 5 000 ~ 10 000 勒克斯,此后控制在 20 000 ~ 35 000 勒克斯。

2)养护管理。基质 pH 应控制在 6 ~ 6.5,EC 宜控制在 0.8 ~ 1.2。幼苗移栽 15 天后即可施肥,根据生长情况及 EC 的变化逐渐调整浓度。施肥浓度为 0.08% ~ 0.15%(N:P:K = 15:10:15),同时配以微量元素(硼 0.01%、铁 0.05%、铜 0.01%、锰 0.05%、钼 0.001%、锌 0.01%)。肥料随水施用,要定期监测基质的 EC,如 EC > 1.4,应停止施用。每 10 ~ 15 天应施一次广谱性杀菌剂。温室内挂设粘虫板。

3)盆苗培育期检验。①检验时间:6 月上旬。②检验指标:基质洁净无苔藓等污染,盆苗健壮,无病虫害,株形丰满,盆苗整齐一致,叶片光洁有序,冠幅 10 ~ 15 厘米,冠高比为 1:1。

(4)越夏培育期

1)环境条件控制。温度控制在 15 ~ 28℃,相对湿度控制在 50% ~ 60%,光照强度控制在 25 000 ~ 40 000 勒克斯。适时通风。

2)养护管理。①基质 pH 控制在 6 ~ 6.8，EC 控制在 1.0 ~ 1.2。②应在上午浇水，浇则浇透。③应降低肥料的施用浓度，宜每 7 ~ 10 天浇施 1 次 0.05% ~ 0.08% 的复合肥（N∶P∶K = 15∶10∶15，微量元素比例按照盆苗期养护管理指标执行）。肥料随水施用，要定期监测基质的 EC，如 EC > 1.5，停止施用。每 15 天宜采用土壤杀菌剂和青霉素（链霉素、迪霉素）灌根 1 次。④应按自然叶序及时整理株形。

3)越夏期检验。①检验时间：9 月上旬。②检验指标：基质洁净无苔藓等污染，盆苗健壮，无病虫害，株形丰满，盆苗整齐一致，叶片光洁有序，冠幅 15 ~ 20 厘米，冠高比为 1∶1，越夏保存率≥90%。

3. 盆花培育

（1）前期准备

1)容器。宜选用直径 12 ~ 15 厘米的塑料盆，微小型品种宜选用直径 8 ~ 10 厘米的塑料盆。

2)温室。使用前 10 天应清除室内杂物，对地面、台面、墙面等区域进行消毒。

3)基质。宜选用颗粒≤1.5 厘米的草炭，其他按照盆苗培育前期准备时的基质标准执行。

（2）盆苗移栽期

1)移栽。剔除病残叶及污染的基质，原盆苗容器若为塑料盆，应先在盆内放入少量基质，再将植株取出，保存原有根系，放入新容器内，从周围填入基质到盆上沿 0.5 ~ 1 厘米，使球茎露出 1/3 ~ 1/2，轻压并浇透水。原盆苗容器若为纸钵，无须脱盆可直接种植。

2)环境条件控制。植株更换新容器后 10 ~ 15 天内必须遮阳，温度控制在 22 ~ 26℃，相对湿度控制在 60% ~ 70%，光照强度 5 000 ~ 10 000 勒克斯。

3)养护管理。①基质 pH 控制在 6 ~ 6.5，EC 控制在 1 ~ 1.2。②移栽 15 天内禁止施肥，控制基质含水量不低于 55%。每 7 天喷洒一次杀菌剂和杀螨剂。

（3）生长发育高峰期

1)环境条件控制。温度控制在 10 ~ 25℃，相对湿度控制在 60% ~ 70%，光照强度控制在 25 000 ~ 45 000 勒克斯。适时通风。

2)养护管理。①基质 pH 控制在 6.2 ~ 6.8，EC 控制在 1.6 ~ 2。②基质含水量控制在 55% ~ 60%。盆花移栽 15 天后即可施肥，根据生长情况及 EC 的变化逐渐调整浓度。施肥浓度为 0.1% ~ 0.15%，N∶P∶K = 15∶10∶15 和 N∶P∶K = 10∶12∶24 两种复合肥交替使用，同时配以微量元素（微量元素比例按照盆苗培育期养护管理的比例执行）。肥料随水施用，要定期监测基质的 EC，如 EC > 2.2，停止施用。每 10 天喷洒 1 次杀菌剂和杀虫剂。每 20 天灌根 1 次土壤杀菌剂，灌根与喷药交替进行。③应按自然叶序及时整理株形，使叶冠微显凸状;及时清除病、残、黄叶,及时摘除孤花、倒伏花,及时调整植株间距。

3)生长发育高峰期检验。①检验时间:11 月下旬至 12 月上旬。②检验指标:基质洁净无苔藓等污染,盆苗健壮,无病虫害,株形丰满,盆苗整齐一致,叶片光洁有序,叶片数 30～45 枚,冠幅 30～35 厘米,冠高比为 1.5:1。集团花蕾(花蕾大小基本一致,能同时开花的花蕾总量。是衡量仙客来商品质量的重要指标。)20～30 个,高度在叶面下。

(4)花期调控期

1)环境条件控制。温度控制在 15～20℃。为促进早开花,可提高温度到 18～23℃,不可超过 25℃。延迟开花,可降温到 10～15℃,不可低于 5℃。相对湿度控制在 50%～65%,光照强度控制在 25 000～35 000 勒克斯。

2)养护管理。①基质 pH 控制在 6～7,EC 控制在 1.4～1.8。每 10～15 天应浇灌 1 次 0.1%～1.5% 的复合肥(N: P: K = 10:12:24,微量元素比例按照盆苗期养护管理的比例执行)。肥料随水施用。冠幅、叶片偏小时,可叶面施肥,但应避免污染花瓣。每 20 天就用土壤杀菌剂灌根 1 次,不宜与施肥同时进行。②应及时调整植株受光面,保持合理的株距,纠正花梗方向使其集中向上开放。可扒开叶丛中心处,使花蕾多见光,利于花着色。应及时清除病株、病残叶。③盆花进入盛花期,应控制氮肥的施入量,可摘除部分小叶,叶面喷施 1 000 倍的磷酸二氢钾溶液。

3)花期调控期检验。①检验时间:上市前 3～5 天分级检验。②检验指标:达标率≥85%(含一级盆花和二级盆花),其中一级品率≥70%。

4. 病虫害防治

坚持"预防为主,综合治理"的方针。保持良好的通风和空气质量,保持和增强仙客来的生长势是病虫害防治的根本。常见病虫害的症状及防治方法见相关章节。

5. 标识、检疫、包装

(1)**标识** 标明品种、花色、等级、数量、产地。

(2)**检疫** 按照 GB/T 18247.2—2000 主要花卉产品等级的要求。

(3)**包装** 盆花包装前 7～10 天内应停止施肥,对盆花进行全面整理,应刷去盆上的污渍,清除病残叶片、败花,用土壤杀菌剂灌根一次后,置于 10～15℃ 控水养护。装箱前用绵纸包裹,整齐码放在专用纸箱内,放置温度 10～15℃,12 小时内运出。

六、仙客来的无土栽培

仙客来的无土栽培清洁卫生,病虫害少,节省劳力和肥料,而且枝叶繁茂,花枝丰富,商品性好。无土栽培还有一个优点就是基质轻,便于运输,且单价低。因此开展仙客来的无土栽培是仙客来专业化生产的必要条件,也是出口创汇的基础。

(一) 形式

无土栽培仙客来有两种形式,一是在栽培槽中培育,二是在花盆中栽培。

1. 槽中栽培

上海市园林科学研究所根据多年的栽培经验,于 1988 年提出了该种栽培形式。这种栽培形式需要的装置主要包括培养槽、营养液输排管道系统两部分。栽培槽用聚乙烯塑料板做成,长 3.5 米,宽 0.85 米,深 0.3 米,根据温室大小,一行可安排 5~6 只槽,槽底呈“人”字形,两侧有出口管,呈 0.5% 倾斜度,使灌施的营养液快速通过基质排放,加快基质内空气交换,从而使仙客来球茎根系周围含有充足的氧,促进植株生长。特别在夏季,基质的透气性高,可减少球茎腐烂。

但是在生产时,此装置往往由于槽太大,仙客来生长前期幼苗较小,浪费空间;到植株长大时又互相重叠,不易调整间距;栽植深度及栽培基质因槽已固定,不易随生长情况而进行调整;到成苗上盆时易伤根,所以此种方法现已不多用。

2. 盆中栽培

此种栽培所用盆一般是用塑料制成的双层套盆。外盆用来盛放营养液或水,无孔,不漏水。内盆有两种形式,一是内盆底部有多个孔,在装入基质后直接放入外盆内;二是内盆底中心带孔,可在中心圆孔内放入 1 条吸水棉条,棉条一端伸入外盆营养液中,一端伸入内盆的栽培基质中。

此种栽培形式的花盆投资大,操作较繁琐、费力,且营养液添加也不方便,在规模生产中运用也不多。目前在实际生产中还是采用盆栽仙客来的方式,所用盆仅用一层,盆底或盆侧面下部都带有多孔,以增加基质的透气性,盆内放入基质后栽植仙客来,营养和水分通过人工控制的喷头喷布在仙客来的盆内。这种方式操作简单,投资小,但由于叶面湿度较大,病害相对较易发生,所以应注意浇水次数和时间,并加强药剂预防。

(二)基质

常用于仙客来无土栽培的介质主要有泥炭、蛭石、珍珠岩、炉渣、砻糠、锯木屑等。由于每种介质的保水性、通气性、pH 等理化性状不同,因此在栽培仙客来时常把两种或两种以上介质混合起来,调配成适宜仙客来生长的栽培基质。

较适宜仙客来生长的无土栽培基质配方有多种,例如珍珠岩 + 蛭石 + 泥炭,蛭石 + 泥炭 + 细沙,蛭石 + 泥炭,泥炭 + 炉渣 + 细沙,泥炭 + 锯木屑 + 蛭石,泥炭 + 砻糠 + 细沙(或蛭石)等。

(三)营养液

由于无土栽培的基质一般不含腐殖质成分,仙客来生长过程中的营养必须由外源添加。营养液配方是否合理、营养是否充足、pH 是否适当等对仙客来的生长发育都极为重要。下面提供几种营养液配方供参考。

1. 上海园林科学研究所的营养液配方

●大量元素(克/升):硝酸钾 0.6,硝酸铵 0.4,磷酸氢铵 0.4,硫酸镁 0.4,硫酸钙、磷酸二氢钙 0.4,磷酸二氢钾 0.4。

●微量元素(克/升):硫酸铁 0.02,硼酸 0.01,硫酸镁 0.01,硫酸锌 0.006,钼酸铵 0.006,硫酸铜 0.002。

配制时大量元素和微量元素单独存放,使用前取等体积量混合,同时控制营养液的使用浓度在 0.1% ~ 0.2%。

2. 杭州市农业科学院的营养液配方

●大量元素(克/升):硝酸钙 0.13,硝酸钾 0.84. 磷酸二氢钾 0.21,硫酸镁 0.645。

●微量元素(克/升):硼酸 0.002 86,硫酸锌 0.000 22,钼酸 0.000 18,硫酸铁 0.002 76,铬化锰 0.001 8,硫酸铜 0.000 08。

使用时营养液浓度应控制在 0.2% 左右。

3. 其他的营养液配方

●大量元素(克/升):硝酸钾 0.5,硫酸钾 0.25,磷酸钙 0.08,硫酸镁 0.16。

●微量元素(克/升):硼酸 0.001 4,硫酸锰 0.001 4,硫酸锌 0.001 4,硫酸铜 0.001 4,硫酸铁 0.001 4。

使用时营养液浓度控制在 0.15% ~ 0.2%。

配制仙客来无土栽培的营养液时,可以先配成浓缩的母液,使用时再根据不同生长阶段稀释成不同的倍数使用。

不同的营养元素对仙客来生长所产生的生理作用不同,如氮元素可以促进营养生长,增加枝叶的生长速度,扩大单株的叶面积,提高光合效率;磷元素能增加植株根系生长,提高根系吸收功能,促进植株花芽分化、开花和果实、种子的饱满与发育成熟;钾元素能促使植株组织发育,有利于水分和营养物质的运输,提高植株抗旱、抗病虫能力。在仙客来苗期生长阶段,对氮、钾元素需求相对较高,而花芽分化期、开花结实期则对磷、钾元素需求稍多一些。因此,在配制营养液时应根据不同的生长发育阶段适当调整配方。此外,对于长期使用的营养液应适时调整 pH 和 EC。

4. 穴盘育苗技术

仙客来无土栽培必须要在无土基质育苗的前提下进行,国内现已有一些单位采用先进的穴盘育苗技术开展仙客来的无土基质育苗,为规模化、专业化生产提供优质、健壮、无病虫害种苗。

(1) 准备阶段

1) 穴盘的准备。穴盘型号较多,不同的型号有不同的利用价值。仙客来育苗的穴盘常选用 288 型,穴盘上的穴孔过小会造成不必要的移植,影响植株的正常生长;穴孔过大则浪费空间,增加劳动操作面积,同时由于穴孔间距加大,孔内基质易失水干燥。

穴盘型号选定后,要进行消毒。可用蒸汽加热消毒 30 ~ 40 分,或用 10% 漂白粉溶液浸泡 5 分左右。

2) 播种基质的准备。仙客来穴盘育苗基质要求疏松、肥沃,pH 6 ~ 6.2。可选用仙客来专用播种基质或自配播种基质进行育苗。

(2) 育苗阶段

1) 发芽期。仙客来种子育苗的第一阶段为 21 ~ 25 天。该阶段的关键是保持阴暗、凉爽和高湿环境,可把穴盘放置在暗室内或专用发芽室内,发芽温度 15 ~ 18℃。种子播后可覆盖一层蛭石,基质应完全浸湿,水分应保持在基质的上半部。此阶段需黑暗环境,可将穴盘上覆盖一层黑薄膜,待到此阶段末有小球茎和根系出现后再揭开薄膜。

2) 高湿期。此阶段是生产出高质量和生长势旺盛的仙客来种苗的关键时期,影响该阶段生长的重要环境因子是湿度。要求基质相对湿度达 90% 以上,否则子叶难以和种皮脱离,而枯死在干硬的种皮内。可用极稀的硝酸钙溶液喷施 2 ~ 3 次。基质温度不宜超过 20℃,光照强度不宜高于 1.5 万勒克斯。

3) 真叶期。这一阶段是指从子叶完全伸出至 2 ~ 3 片真叶形成。

此阶段末,根系已深入穴盘。该阶段的栽培技术要求是保证肥水供应,以免水分、肥料的过度缺乏而影响仙客来的生长和种苗的质量。在第一片真叶出现后,每天必须施薄肥,轮流施加氮肥和硝酸钙。此外,该阶段根系活动量大,可适当降低温度,特别是夜间温度可降至 16 ~ 18℃,光照强度可适当增加,但不宜超过 2.5 万勒克斯。注意培养液 EC 应低于 1,pH 6.2 ~ 6.5。

4)移植前期。经过前几个阶段的生长,仙客来幼苗叶片将完全覆盖穴盘的孔穴,地下部分根系已较发达,完全能固定地上部分。该阶段栽培要求是,注意通风,适当降低基质湿度,相对湿度保持在 75% ~ 80%。肥水管理基本上与真叶期相同,光照强度可增至 3.5 万勒克斯。由于根系活动量大,为促进根系生长,夜间温度可维持在 14 ~ 16℃。

通过上述几个阶段的生长,仙客来种苗根系发达,植株强壮,可起苗定植在栽培槽或盆内,因根系完整,没有损伤而极易成活,没有缓苗现象。

(四)无土栽培管理

根据江苏省农业科学院园艺研究所经验,仙客来无土栽培管理主要涉及营养液的管理、温度与光照管理、温度与水分管理以及病虫害防治。

1. 营养液管理

控制营养液浓度在 0.1% ~ 0.2%,pH 6 左右,使仙客来在微酸性的环境中生长。控制营养液温度,仙客来不耐高温,营养液温度超过 30℃时植株生长不良,但冬季低温亦影响花芽分化与花蕾抽长。仙客来花芽分化最适温度为 15 ~ 19℃,故在有条件时,可在培养槽铺设地热线以增加地温。仙客来最适营养液温度应控制在 15℃左右,湿度不宜过高,否则易使球茎腐烂。控制营养液的空气含量,利用栽培槽栽植仙客来时,营养液中含氧量要充足,仙客来植株过夏时才能生长良好。因此,在储液桶内安置电动搅拌器,通过营养液的不断循环流动,增加营养液与空气的接触,从而提高营养液中氧气含量,并使氧气在营养液中分布均匀。在利用双层套盆栽培仙客来时,营养液液面不能太高,液面与球茎之间应有高度差,否则因没有空气层而使植株根系呼吸不畅,易造成球茎腐烂。适宜的液面应保持在根系活动区比较适宜。

2. 温度与光照管理

仙客来最适生长温度为 15 ~ 20℃,不能低于 12℃或高于 25℃。夏季温度高于 35℃以上,则易导致植株进入休眠状态或导致球茎腐烂。因此夏季温室应双层遮阴并加强通风,冬季温室则应加热增温栽培。10 月以后不必遮阴,保证植株多晒太阳,促使组织充实,花芽增多,花期持久。

3. 温度与水分管理

冬季不宜过湿,尤忌夜间低温叶面沾水。夏季高温期间可每天向叶面喷水 2 ~ 3 次,既可降低叶面温度,又可使仙客来经常处于水分充足的生态环境中,从而促进生长,安全越夏。

4. 病虫害防治

在无土栽培中,虽然某些通过土壤传播的病虫害得到了控制,但由于病虫害传播途径多样,可能会通过未消毒干净的种子、培养器具以及水、风、人手触摸等传染,因而无土栽培中病虫害也时有发生,应加强预防。

七、主要病虫害及防治措施

仙客来具有一个肥大的球茎,叶片肥厚,叶柄、花梗粗壮,栽培周期长,整体含水量高,因此,易受病虫侵染。植株一旦发病,几乎无药可治,轻则失去观赏价值,重则大量死亡。因此,应注意病虫害的预防。

(一)主要病害及防治

1. 仙客来立枯病

(1)**症状** 主要危害仙客来幼苗。受害幼苗基部产生褐色病斑,绕茎扩展,皮层腐烂,病部常见到淡褐色丝状霉。

(2)**病原** 立枯病病菌属于半知菌亚门真菌丝核属立枯丝核菌。

1)菌丝有隔膜,初期无色,老熟时呈浅褐色至黄褐色。

2)菌丝分枝处多呈直角,分枝基部略缢缩。

3)该菌能形成菌核,菌核由具有桶形细胞的老菌丝交织而成。菌核无定形,浅褐色至黑褐色,表面粗糙,菌核间常有菌丝相连。

4)菌核的抗逆性很强,是越冬器官之一。

此菌生长适温为17~28℃,在12℃以下30℃以上时受抑制。

(3)**传播途径**

1)立枯病菌以菌丝体或菌核形式在土壤中或病组织上越冬,腐生性较强,一般在土壤中可存活2~3年。

2)在适宜的环境条件下,病菌从植株伤口或表皮直接侵入茎、根部而引起发病。

3)还可通过雨水、流水、农具以及带菌的堆肥传播。

(4)**防治方法**

1)苗床药土处理,每平方米苗床用50%多菌灵可湿性粉剂5克与25克细土拌成药土,播种时做垫土和覆土。

2)发病初期喷淋20%甲基立枯磷乳油1 200倍液;猝倒、立枯病混合发生时,可用72.2%霜霉威盐酸盐(普力克)水剂800倍液、50%福美双可湿性粉剂800倍液喷淋,50%甲霜·福美双可湿性粉剂900倍液防治。

2. 仙客来枯萎病

（1）**症状**　本病由镰刀菌引起。染病初期植株的一部分叶片失去生机,稍黄化,继而黄化叶逐渐增多。晴天植株叶片呈现萎蔫,夜间可以恢复,白天再度萎蔫,直到死亡。叶柄部分呈水状肿胀,有时表皮纵裂。在空气湿度大的情况下,病斑处长出棉絮状白色菌落,有时带淡红色,为原菌无性子实体(图7-1)。

图7-1　仙客来枯萎病

将发病株球茎横切开,横断面观察可见维管束变褐。由于该病是土传病害,因此维管束的褐变由下向上变化。一般情况下,球茎不腐烂,但湿度大时,也呈软腐状。

（2）**病原**　半知菌亚门真菌镰刀菌属。

（3）**传播途径**

1）以菌丝体或厚垣孢子随病残体在土壤中或附着在种子上越冬,可营腐生生活。

2）一般从幼根或伤口侵入,进入维管束,堵塞导管,并产生有毒物质镰刀菌素,扩散开来导致病株叶片枯黄而死。

3）病菌通过水流传播。

（4）**发病条件**

1）在土壤温度28℃,土壤潮湿,多年栽培的温室,移栽时伤根多,植株生长势弱等情况下发病重。

2）酸性土壤及线虫取食造成伤口利于本病发生。21℃以下或33℃以上本病扩展缓慢。

（5）**防治方法**　仙客来枯萎病在发生后大多数药剂无明显治疗效果,关键在于综合防治,加强管理,保证植株健壮生长。

1）种子消毒,防止带菌。

2）基质、花盆严格消毒,温室大棚也要消毒。

3）保持盆土湿润,忌过干过湿。盆土要疏松透气。

4）化学防治。36%甲基硫菌灵悬浮剂500倍液,75%多菌灵可湿性粉剂800~1 000倍液,5%多菌灵可湿性粉剂2 000倍液,47%春雷·王铜可湿性粉剂700倍液,99%噁霉灵可溶性粉剂5 000倍液,灌根。

以上药剂交替使用,每株每次100毫升药液,7~10天1次,连续3~4次。

3. 仙客来灰霉病

（1）**症状**　叶片、叶柄和花梗、花瓣均可发病（图7-2~图7-4）。通常发病初期只限在外侧的老叶、病叶上,随后邻近的叶柄、花梗也相继发病。病重时从老叶发展到幼

图7-2　灰霉病在仙客来花瓣上造成的危害

图 7 – 3　灰霉病在仙客来花期造成的危害

图 7 – 4　灰霉病对仙客来植株造成的危害

叶,传染整个植株,最终导致球茎腐烂。叶片发病时叶缘呈水浸状斑纹,逐渐蔓延到整个叶片,造成叶片变褐干枯或腐烂。叶柄和花梗受害后,发生水浸状腐烂,并生有灰霉,在湿度大时各发病部位生有灰霉层,即病菌分生孢子梗和分生孢子。

(2)**病原** 病原是半知菌亚门葡萄孢属灰葡萄孢菌。病菌发育最适温度为 20 ～ 25℃,最低为 4℃,最高为 32℃。分生孢子在 13.7 ～ 29.5℃ 均能萌发,但温度较低对萌发有利,产生孢子和孢子萌发的适宜温度为 21 ～ 23℃。分生孢子抗旱力强,在自然条件下,经 138 天仍然具有活力。

(3)**传播途径** 成熟的分生孢子借助气流、雨水、灌溉水、棚膜滴水和农事操作等传播。在低温、高湿条件下病菌孢子萌发芽管,由开放的花、伤口、坏死组织侵入,也可由表皮直接侵染引起发病。潮湿时病部产生的大量分生孢子是再侵染的主要病原。

(4)**发病条件** 温暖、湿润是灰霉病流行的主要条件。适宜发病条件是气温 20℃ 左右,相对湿度 90% 以上。一般在冬春季,温室大棚温度提不上去、湿度又大时病害严重。

(5)**防治方法**

1)控制大棚和温室的温、湿度。保护地栽培可通过提高温度来控制病菌的发育和侵染。一般采取上午迟放风,使大棚温室内温度提高到 31 ～ 33℃,超过 33℃ 时开始放风。如果中午时仍在 25℃ 以上,可继续放风。但下午温度需要维持在 20 ～ 25℃,夜间保持在 15 ～ 17℃。

2)加强栽培管理,综合防治。增施磷、钾肥,促进植株发育,增强抗病力。避免阴天浇水,浇水结束后应放风排湿,发病后控制浇水,必要时施行根颈周围淋浇药液。发现病花、病叶及时摘除,不可随意乱丢,应集中清理,同时清除遗留地里的病残体。注意生产操作,防止人为传播。

3)药剂防治。50% 腐霉利可湿性粉剂 2 000 倍液、70% 甲基硫菌灵可湿性粉剂 1 000 倍液、40% 百菌清悬浮剂 600 倍液、50% 苯菌灵粉剂 1 000 倍液和 50% 异菌脲可湿性粉剂 1 000 倍液。在温室封闭条件下,用 10% 腐霉利烟雾剂 250 克/公顷亦可。根据病情选择用药方法和用药种类,7 ～ 10 天 1 次,连施 2 ～ 3 次。

4. 仙客来炭疽病

(1)**症状** 主要危害叶片和花梗。初期叶片背面出现褐色边缘不明显圆形病斑,呈轮纹状向外扩展。病斑边缘紫褐色,中央浅褐色。后期病部出现黑色小粒点,即病原分生孢子盘。湿度大时,病部有灰白色黏性物。花梗染病产生类似的症状。发病重的常导致叶片枯死。

(2)**病原** 红斑小丛壳,属于囊菌门真菌。

(3)**传播途径** 病菌以菌丝体和孢子形式在病株残体中越冬。当气温升高后开始发病。分生孢子随风雨传播,7 ～ 8 月为发病高峰,秋末产生子囊壳,但较少发病。

（4）**防治方法**

1）剪除并销毁病叶。

2）发病初期喷 50% 多菌灵可湿性粉剂 500 倍液，70% 甲基硫菌灵可湿性粉剂 1 000 倍液，80% 炭疽福美可湿性粉剂 800 倍液，25% 苯菌灵乳油 800 倍液，25% 双胍辛乙酸盐水剂 1 000 倍液，40% 氟硅唑乳油 700 倍液，50% 咪鲜胺锰盐可湿性粉剂 1 000 倍液，25% 溴菌腈可湿性粉剂 500 倍液。每隔 10 天 1 次，共 2～3 次。

5. 仙客来细菌性软腐病

（1）**症状**　该病多发生在叶柄和球茎部（图 7－5）。发病初期叶柄处产生淡褐色小斑，水渍状软腐，导致整株萎蔫枯死，球茎腐烂发臭，病部有白色发黏的菌液。

图 7－5　仙客来细菌性软腐病

（2）**病原**　病原为革兰阴性杆菌。

细菌性软腐病同细菌性叶腐病的不同之处是前者为土传病害，因基质消毒不彻底，很容易导致本病发生。

（3）**发病规律**　温室中盆栽植株全年都可发病，一般 7～8 月较多。

（4）**防治方法**

1）用过的花盆用 10% 硫酸铜溶液洗刷。

2）土壤彻底消毒。

3）72% 农用链霉素可溶性粉剂 4 000 倍液、77% 氢氧化铜可湿性粉剂 600～800 倍液喷施。同时也可用 47% 春雷·王铜可湿性粉剂 700 倍液灌根。

6. 仙客来细菌性叶腐病

（1）**症状**　该病可周年发生，但以 6 月换盆后的高温高湿期发病较多，危害最大。

叶腐病可发生于叶柄、叶片、芽及球茎上，发病初在叶片基部产生水渍状斑点，不久变成黑褐色而腐烂，并侵染至整个叶片腐烂。叶柄发病处产生黑褐色斑点或产生脱水状皱纹，病斑逐渐扩大包围叶柄致其腐败，叶片黄化或干枯，从病叶切断处可以看到叶柄的维管束褐变伴随着病症发展扩大到球茎部位。幼芽上产生水渍状斑点，斑点不断扩大变成黑褐色病斑，开始腐烂枯死，同时向所有芽侵犯，使新芽不能形成。球茎发病是在芽点，附近的维管束呈红色或褐色斑，最后变成黑褐色而腐烂。腐败从维管束至球茎全部，最终枯死，地上部萎蔫，但球茎不产生软腐状腐败，也没有腐烂病特有的臭味。

（2）**病原**　欧氏杆菌细菌。发病适宜温度 25℃ 左右，最低 10℃，最高 33℃。

（3）**传播途径**　为土壤传播，由伤口侵入，高温高湿易发病。

种子带菌在播种育苗期间即可发病，上盆时用前一年用过的带菌土和花盆，染病较重，尤其是换盆时较多的伤根、伤叶会明显增加发病。同时操作时所用的用具及手又可形成二次传染。

（4）**防治方法**

1）种子消毒。可用 0.5% 次氯酸钠溶液浸泡消毒 1 小时。

2）基质消毒。80℃ 蒸汽消毒 30 分钟。

3）用具消毒。

4）换盆后，可灌施 72% 农用链霉素可溶性粉剂 3 000 倍液，每盆 200 毫升；27% 碱式硫酸铜悬浮剂 600 倍液、47% 春雷·王铜可湿性粉剂 700 倍液、77% 氢氧化铜可湿性粉剂 700 倍液喷施。

7. 仙客来细菌性芽腐

症状与细菌性叶腐病相似，防治相似，同细菌性叶腐不同的是本病一般在每年 10 月至第二年 3 月的低温期发生。

8. 仙客来花叶病

为世界性病害,在我国十分普遍,仙客来的栽培品种几乎无一幸免。病毒病可使仙客来种质退化,叶变小,皱缩,花少,花小。

(1) **症状** 危害叶片,也侵染花冠等部位(图 7 - 6、图 7 - 7)。使叶片皱缩、反卷、变厚、质地脆,叶片黄化,有疱状斑,叶脉突起成棱,浅一些的花瓣出现褪色条纹,花畸形,花少花小,有时抽不出花梗,植株矮化,球茎退化变小。

图 7 - 6 仙客来花叶病受害花朵

(2) **病原** 黄瓜花叶病毒。病毒钝化温度 70 ~ 80℃,体外存活期 22℃时 3 天。

(3) **传播途径** 病毒在病球茎、种子内越冬,成为第二年的初侵染原。该病毒主要通过汁液由棉蚜、叶螨及种子传播。

(4) **防治方法**

1) 将种子用 70℃的高温进行干热处理脱毒。

2) 栽植土壤要进行消毒。

3) 按天津市园林绿化研究所的脱毒办法,将种子用 75% 乙醇浸泡 15 分,0.1% 升汞溶液处理 15 分,10% 磷酸三钠溶液处理 15 分,然后用蒸馏水洗净种子表面药液,再置于 35℃温水中自然冷却 24 小时能降低发病率,将以上抑菌处理后的种子置于 40% 聚乙二

图 7 - 7　仙客来花叶病受害叶片

醇溶液内,在 35℃ 的恒温条件下处理 48 小时,种子脱毒率可达 77.7%。

4)防蚜虫是关键的措施。可用 20% 啶虫脒可溶性粉剂 1 500 倍液、10% 吡虫啉可湿性粉剂 1 000 倍液喷施。

9. 仙客来环斑坏死病

该病已在美国等地发生,应杜绝传入我国。

(1)**症状**　该病症状有多种,在叶面上可发生圆形褐色坏死斑,呈同心圆状坏死(图 7 - 8)。有时受害叶产生坏死浅纹。

(2)**病原**　凤仙花坏死斑点病病毒。

(3)**防治方法**

1)加强检疫,严防传入,一旦发生,立即销毁病株。

2)防止媒介传毒。

图 7 - 8　仙客来环斑坏死病受害叶片

（二）主要虫害及防治

1. 仙客来螨

危害仙客来的螨是白狭跗线螨，又称仙客来瘿螨。雌螨体长 0.23 毫米，雄螨体长约 0.2 毫米，体黄褐色或乳白色，在叶背移动很快。

（1）**危害状**　潜伏于未展开的叶、芽处危害，造成花瓣变色，叶片卷缩畸形（图 7 - 9 ～ 图 7 - 11）。在易发生季节（夏季）要经常注意观察，如不注意可引起螨害发生，导致盆花商品价值下降或毁灭。

（2）**防治方法**

1）可选用 40% 三氯杀螨醇乳油 1 000 倍液或 73% 克螨特乳油 2 000 倍液。由于大部分仙客来螨都在下位叶背及嫩芽上，因此用杀虫剂喷雾时一定要仔细均匀喷透，并连续喷施 2 ～ 3 遍。

2）用 3% 呋喃丹颗粒施于土中，每盆 2 ～ 5 克。

图 7 - 9　受到螨危害的花瓣

图 7 – 10　受到螨危害的花苞

图 7 – 11　受到螨危害的叶片

2. 蚜虫

（1）**危害状** 蚜虫寄生于花蕾、幼叶等处,吸取汁液(图7-12)。新叶和芽被害严重时,可导致植株发育不良。蚜虫可以飞动,危害比较迅速,蚜虫的分泌物可以产生黑煤状的霉。但是,蚜虫的抗药性较弱,防治简单。

图7-12 蚜虫在叶片造成的危害

（2）**防治方法** 10%吡虫啉可湿性粉剂2 000倍液,1.8%阿维菌素乳油3 000~4 000倍液喷杀,效果都很好。

3. 蓟马

（1）**危害状** 以成虫和若虫锉吸植物的花汁液,花被害后常留下灰白色的点状食痕,危害严重的花瓣卷缩,影响观赏(图7-13~图7-15)。

（2）**形态特征** 蓟马成虫体长1毫米,胸部橙黄色,腹部黑褐色。触角7节,褐色,第三节黄色。前翅灰色,有时基部稍淡。

（3）**生活习性** 在温室常年可发生。室外以成虫在枯枝叶下越冬,第二年春开始活动,以成虫、若虫取食危害。高温干旱易发生。

图 7 - 13　受到蓟马危害的新叶

图 7 - 14　受到蓟马危害的叶片

图 7-15 受到蓟马危害的花

（4）**防治方法**

蓟马要尽早防治,在生长初期就要加强预防,植株小,喷药效果较好。植株长大后,郁闭的叶片使喷药效果降低。

1）用黄色粘虫板悬于温室内,具有预测、诱捕作用;蓝色和白色粘虫板的效果更好。

2）化学防治 盆内施 1~2 克的 15% 涕灭威颗粒剂,喷施 40% 氧乐果乳油 1 000 倍液,50% 辛硫磷乳油 1 000 倍液,40% 仲·稻乳油 600~800 倍液,10% 吡虫啉可湿性粉剂 2 000 倍液,1.8% 阿维菌素乳油 3 000~4 000 倍液。7 天 1 次,连续 3 次。

4. 蛞蝓

（1）**危害状** 蛞蝓属软体动物门腹足纲,虫体柔软无外壳,体表可分泌黏液。危害植物叶片、花,形成孔洞、缺刻,并在叶、花上留下黏液,影响观赏。

（2）**生活习性** 蛞蝓喜潮湿温暖环境,白天钻在土中或花盆下面,晚上出来觅食,繁殖力极强,虫体有黏液,抗药力强。

（3）**防治方法**

1）可在花盆周围施石灰或盐末,在蛞蝓爬过时形成体液反渗透而被杀死。

2)20%氯·对·肟乳油 1 000 倍液、20%甲氰菊酯乳油 1 000 倍液喷杀。

5. 仙客来根结线虫病

在我国发生普遍,使仙客来生长受阻,严重时成全株死亡。

(1)**危害状** 侵染仙客来根系,刺激根端膨大形成小米粒或绿豆大的瘤状物,直径可达 1~2 厘米。根上的瘤较小,初为淡黄色,表皮光滑,以后变为褐色,表皮粗糙。切开根瘤,在切面上可见有发亮的白色点粒,为雌成虫体。

(2)**病原** 南方根结线虫,北方根结线虫。

(3)**传播途径** 线虫幼虫在土壤内或病根内越冬,一年可完成多代,通过水流、肥料、种苗传播。

(4)**防治方法**

1)加强检疫,防止传入。

2)基质消毒可用高温或化学药剂或夏季暴晒 30 天。

3)药剂防治。每盆用 10%灭克磷颗粒剂或 10%灭线灵颗粒剂 0.75 克土施,浇灌40%甲基异柳磷水剂 1 000 倍液 150~200 毫升/盆。

6. 斜纹夜蛾

(1)**危害状** 以幼虫危害叶部为主(图 7-16)。一年发生 4~5 代,以蛹在土下 3~5厘米处越冬。每只雌蛾能产卵 3~5 块,每块有卵粒 100~200 个。卵多产在叶背的叶脉

图 7-16 斜纹夜蛾危害的球茎

分叉处,经 5~6 天就能孵出幼虫,初孵时聚集叶背,4 龄以后和成虫一样,白天躲在叶下土表处或土缝里,傍晚后爬到植株上取食叶片,把叶片吃成缺口或全叶吃光(图 7 - 17 ~ 图 7 - 22)。

图 7 - 17 斜纹夜蛾咬断花茎

图 7 - 18 斜纹夜蛾对仙客来植株造成的危害

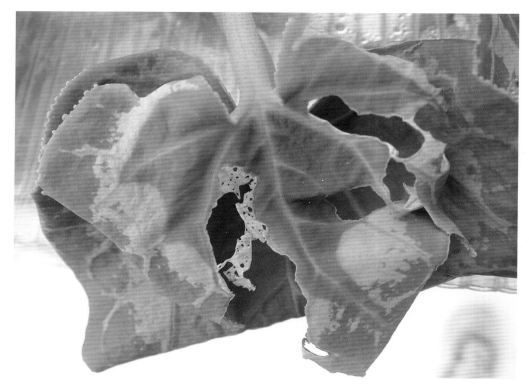

图 7 - 19　斜纹夜蛾对叶片造成的危害

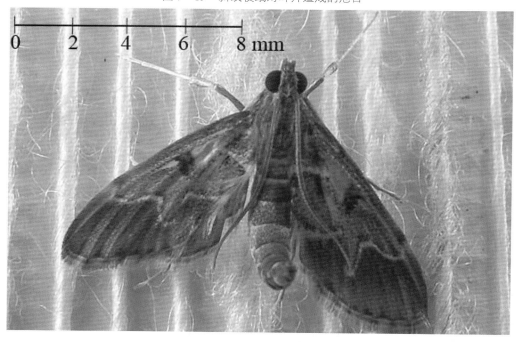

图 7 - 20　斜纹夜蛾成虫

图 7 – 21　斜纹夜蛾幼虫

图 7 – 22　斜纹夜蛾排泄物和拉起的丝线

（2）**病原**　斜纹夜蛾,属鳞翅目夜蛾科,也称夜盗蛾。

（3）**传播途径**　栽培土壤中的蛹、病叶中的卵。

（4）**防治方法**

1）农业防治。清除杂草,对栽培土壤进行晾晒消毒,以破坏其化蛹场所。随手摘除病叶和卵块,均有助于减少虫源。

2）物理防治。利用成虫趋光性,于盛发期用黑光灯诱杀;利用成虫趋化性配糖醋（糖∶醋∶酒∶水＝3∶4∶1∶2）加少量敌百虫诱蛾;柳枝蘸洒90%敌百虫晶体500倍液诱杀成虫。

3）防治方法。喷药防治应掌握在1~2龄幼虫期,喷药时间掌握在早晨和傍晚,喷药量要足,植株基部和地面都要喷雾,且药剂要轮换使用。防治药剂可选用90%敌百虫晶体800~1 000倍液、40%氧乐果乳油1 000~1 500倍液、50%辛硫磷乳油1 000~2 000倍液、40.7%毒死蜱乳油1 000~2 000倍液、80%敌敌畏乳油1 500倍液等,喷施2~3次,隔7~10天1次。

八、仙客来观赏与利用

仙客来作为世界著名盆栽观赏花卉,以其秀美的株形、艳丽的花色、长达数月的观赏期,被作为优质的盆花进行集约化栽培,已成为圣诞、春节期间高档盆花中的主导产品且畅销不衰。下面介绍一下仙客来的观赏及利用。

1. 礼品馈赠

用新鲜盆花作礼品,既美丽大方,又自然亲切,传情达意的效果有时更胜言语。无论是水培苗还是土培苗,都利于慰问、祝福、歉疚等情怀的表达(图8-1)。

图8-1 礼品馈赠

先来了解一下仙客来可代表哪些含义。首先,仙客来这个名字就表示迎宾和降福,所以将它送给新开业的商家或是家庭,都显得十分热情好客,也预示着好运即至。其次,有人认为仙客来的花似兔耳,显得天真烂漫,送给小朋友可以表示永远活泼可爱的祝福;送给老人则有希望其能返老还童之意。还有人认为仙客来优美动人,色彩艳丽,像个娇俏的少女,送给年轻女孩可以起到称赞其美丽的效果。因此,仙客来无论从名称还是姿色来看,都包含着美好的祝福,只要应用得当,可说是老少皆宜,商用家用均可的一种礼品花卉。

2. 室内外绿化

人类素有亲近自然的习性。无论是植物、水体,还是山石,不仅在现代风景园林中愈发展现其风采,也逐渐进入到商业建筑内及平常百姓的家中。仙客来以其奇特的花姿和艳丽的花色也成了室内绿化的重要花材之一,玄关、几架、案头、窗台、楼梯口等处都可放置。此外,现代居室美化中,还有许多爱花者将各种盆花安放在墙面上的多种形式的花架中,使得室内成为一个真正的花的海洋,使人如置身自然之中。

仙客来在室内绿化中的栽培形式也有多种:单株盆栽、组合盆栽、水养、瓶插。

(1)**单株盆栽**(图8-2) 是一种传统的观赏方式,应该选用株形匀称、花繁叶茂的大花仙客来,如作曲家系列、火焰系列的一些品种。依据放置场地的不同,也可以选择小型多花的微小系列放置在案头,为学习或办公增添一抹亮色,也别具风味。

图8-2 单株盆栽

(2)**组合盆栽**(图8-3) 将至少3株以上的植物,经设计配植于同一较大容器中的栽培形式。可以用不同品种的仙客来,也可以仙客来为主,配以其他观叶、观花材料,甚至可以配上假山,制成盆景。这种栽培形式的优点就在于完全可以根据个人喜好来安排,组合非常随意,形式多样,既可以摆放于地面,也可以悬挂在空中或墙面,创造出一个独特又美丽的室内小花园来。

(3)**水培**(图8-4) 选择1~3年生无病虫害、生长旺盛、含苞待放的仙客来植株,放在透明的玻璃容器中栽培,容器中可全是水,也可是各种无毒的无土栽培基质,如沙、珍珠岩、蛭石等,或是现在流行的专门用于水养花卉的彩石,都很漂亮。这种栽培方式只需定期浇营养液,非常清洁又方便,特别适合居室内观赏。如果在玻璃瓶中放入体积较小的微小型仙客来等多种植物,还可组成一个小巧但丰富多彩的瓶栽,既洁净清爽,还充满梦幻色彩。

图 8 - 3　组合盆栽

图 8 - 4　水培

　　（4）**瓶插**　适合瓶插的是仙客来的切花品种。在德国有专门作为切花用的仙客来，其花梗长达40厘米左右。仙客来的单花花期很长，可达30天左右，这为仙客来的切花利用提供了优越的条件。特别是中小花仙客来，花期长且易调节，在欧美国家十分流行。如果自家栽培的仙客来花朵较多，也可以适当采摘一些花梗制作家用切花，这样即舒缓了仙客来生殖生长过程中营养的损耗，也美化装点了居室。

　　在做切花时，将花梗从球上连柄拔出（而不是剪下），并将基部剪1厘米左右以便于吸水；同时再配上几片叶子（取叶方法同花，同样将基部剪下1厘米左右），也可以配上其他花叶放入瓶中，加入保鲜剂、营养液可延长花期。瓶插的切花应放于凉爽的地方，保持适宜的温度，可延长瓶插寿命。

　　可以将适于在室外种植的仙客来种植在花园中、阳台上等受保护的地方，给室外空间增添色彩(图8-5、图8-6)。长期以来,仙客来室外种植也得到爱花者的认可,在不能正常越冬越夏的地区,可以当成1年生花卉来装点庭院。

图8-5 室外种植

图 8 - 6　室外应用

3. 药用

在 16 世纪之前, 大多数仙客来是被作为药用植物种植和使用的, 当时人们认为其球茎干粉在服用后会有致幻作用和催产作用。现代的生化工作者陆续从木拉贝拉仙客来球茎中提取出 6 种皂类物质, 其中有些是新发现的天然化合物。科学家已用光谱和化学方法确定了其结构, 这些化合物具有一定的抗细菌性和显著的抗真菌性, 并且具有诱发试验小鼠子宫收缩的作用。

九、采收及储藏运输技术

仙客来种植到一定时期,便需要做上市的各种准备工作了。例如,什么时候开始销售,如何分级和储藏运输等。

(一)产品分级与包装

1. 产品质量等级划分

(1)**产品类型** 按照花朵大小将仙客来盆花分为 3 个类型(大花型、中花型、小花型)。大花型的花瓣长度≥55 毫米,宽度≥35 毫米,中花型的花瓣长度≥45 毫米,宽度≥20 毫米、<35 毫米,小花型的花瓣长度≤45 毫米,宽度 <20 毫米。

(2)**产品质量等级** 将 3 个类型分别划分 3 个质量等级,具体划分标准分别见表 9 - 1、表 9 - 2、表 9 - 3。

表 9 - 1 大花型仙客来盆花产品质量等级
(花瓣长度≥55 毫米,宽度≥35 毫米)

评价项目	质量等级		
	大一级	大二级	大三级
1. 整体效果	株形完整,端正,丰满匀称;叶片排列均匀紧密,叶色纯正,叶脉清晰,叶面舒展;花色纯正,花梗挺直;整体效果很好	株形完整,端正,丰满匀称;叶片排列均匀紧密,叶色纯正,叶脉清晰,叶面舒展;花色纯正,花梗挺直;整体效果好	株形完整,端正,丰满匀称;叶片排列较均匀紧密,叶色纯正,叶脉清晰,叶面较舒展;花色纯正,花梗挺直;整体效果较好
2. 冠幅/厘米	≥40	≥35	≥30
3. 株高/厘米	40 ~ 45	≥35	≥30
4. 花盆直径/厘米	16 ~ 18	15 ~ 16	≤15
5. 花与现色花蕾数/%	≥65	≥55	≥45
6. 花集中度/%	≥95	≥85	≥70
7. 花平齐度/%	≥95	≥85	≥70

评价项目	质量等级		
	大一级	大二级	大三级
8. 叶片数	≥55	≥50	≥40
9. 花叶间距/厘米	8~10	5~8	≤5
10. 块茎状况	块茎顶部 1/3 以上露出基质,块茎无开裂		块茎顶部 1/3 以上露出基质,块茎无明显开裂
11. 病虫害	无病虫害		无病虫害症状
12. 损伤程度	无损伤		无明显损伤
13. 基质	采用消毒无土基质		
14. 强化处理	经强化处理		

表 9-2　中花型仙客来盆花产品质量等级

（花瓣长度≥45 毫米,宽度≥20 毫米、<35 毫米）

评价项目	质量等级		
	中一级	中二级	中三级
1. 整体效果	株形完整,端正,丰满匀称;叶片排列均匀紧密,叶色纯正,叶脉清晰,叶面舒展;花色纯正,花梗挺直;整体效果很好	株形完整,端正,丰满匀称;叶片排列均匀紧密,叶色纯正,叶脉清晰,叶面舒展;花色纯正,花梗挺直;整体效果好	株形完整,端正,丰满匀称;叶片排列均匀紧密,叶色纯正,叶脉清晰,叶面舒展;花色纯正,花梗挺直;整体效果较好
2. 冠幅/厘米	≥25	≥20	≥15
3. 株高/厘米	25~30	≥20	≥15
4. 花盆直径/厘米	12	12	≤12
5. 花与现色花蕾数/%	≥60	≥50	≥40
6. 花集中度/%	≥95	≥85	≥70
7. 花平齐度/%	≥95	≥85	≥70
8. 叶片数	≥50	≥40	≥30
9. 花叶间距/厘米	5~8	4~7	≤4
10. 块茎状况	块茎顶部 1/3 以上露出基质,块茎无开裂		块茎顶部 1/3 以上露出基质,块茎无明显开裂
11. 病虫害	无病虫害		无病虫害症状
12. 损伤程度	无损伤		无明显损伤

续表

评价项目	质量等级
13. 基质	采用消毒无土基质
14. 强化处理	经强化处理

表9-3 小花型仙客来盆花产品质量等级

（花瓣长度≤45毫米,宽度<20毫米）

评价项目	质量等级		
	小一级	小二级	小三级
1. 整体效果	株形完整,端正,丰满匀称;叶片排列均匀紧密,叶色纯正,叶脉清晰,叶面舒展;花色纯正,花梗挺直;整体效果很好	株形完整,端正,丰满匀称;叶片排列均匀紧密,叶色纯正,叶脉清晰,叶面舒展;花色纯正,花梗挺直;整体效果好	株形完整,端正,丰满匀称;叶片排列均匀紧密,叶色纯正,叶脉清晰,叶面舒展;花色纯正,花梗挺直;整体效果较好
2. 冠幅/厘米	≥25	≥20	≥15
3. 株高/厘米	25~30	≥20	≥15
4. 花盆直径/厘米	12	12	≤12
5. 花与现色花蕾数/%	≥60	≥50	≥40
6. 花集中度/%	≥95	≥85	≥70
7. 花平齐度/%	≥95	≥85	≥70
8. 叶片数	≥50	≥40	≥30
9. 花叶间距/厘米	5~8	4~7	≤4
10. 块茎状况	块茎顶部1/3以上露出基质,块茎无开裂		块茎顶部1/3以上露出基质,块茎无明显开裂
11. 病虫害	无病虫害		无病虫害症状
12. 损伤程度	无损伤		无明显损伤
13. 基质	采用消毒无土基质		
14. 强化处理	经强化处理		

2. 包装与标志

（1）**产品的包装**　应无毒，无污染，牢固，透气，抗挤压。

（2）**产品应带有标签和产品随带文件（发货单）**　①每盆都应挂牌说明品种与栽培管理方法，包括品种名称（中文名、拉丁名、品种原名）、品种彩色图片、等级、所采用标准标识、建议用户应提供给植物的光照强度、昼夜温度、施肥浇水方法等。②产品随带文件应包括：文件和签发日期，生产商及生产地址，产品类型及产品等级、数量、发货日期，运输工具种类，检疫证明，所采用的标准标识。

（二）储藏保鲜

仙客来适宜的储运温度为 10～13℃，相对湿度保持在 60%～80%，黑暗储藏期不超过 4 天。

（三）运输

仙客来叶片较大，易碎裂，因此在长途运输时，要严格保护，防止损坏，降低观赏价值。

在运输时用纸箱做外包装，箱内放置隔离板，将纸箱分成等距的空间，相互独立，保持各单株间不挤压，盆花不易倾倒，可保持良好的株形和花叶无损。也可用分层架板的货架车运输。

在装运前最好用塑料袋将盆花包装好，一来可以保护叶不受损伤，提高商品质量；二来包装纸也能成为很好的广告，漂亮的塑料袋再加上精美图案可提升产品的档次。

在长途运输前，应浇好水，防止失水萎蔫，到货后要将植株摆开，浇好水，最好喷一次药，防止由于伤口出现导致病害发生。并要做好整形工作，恢复植株本来的形状。

（四）上市

可以将成品的仙客来盆花、水培花或切花摆放在各类超市、花市或商场中进行销售（图 9-1）。如果在销售场地中，有适宜的家居摆设，使购买者一眼就能看出买回去的盆花适合放在家中、公司或办公室的哪个位置，估计更能增加仙客来的销售量。

图 9 - 1　包装上市